你一輩子信以為真的 醫學誤解

權威中醫師破除常見陳年健康迷思

陳潮宗——著

| 推薦序 1 |

普及大眾的醫藥常識好書，
讓讀者受用無窮

中央研究院院士、中國醫藥大學中醫學系講座教授、
中華民國中醫師公會全國聯合會名譽理事長／**林昭庚**

　　網路上有無數肆意流傳的聳動標題，書店裡也能看到各式各樣的養生書籍，教導社會大眾一些自相矛盾、似是而非的理論，這些究竟是個人見解、偽科學還是實證醫學，一般民眾又該如何分辨？

　　自我 50 年前成為醫師以來，醫學不斷演進，知識也隨著科技的進步快速傳播，現今社會的任何人，只要 Google 搜尋就能廣泛且快速的獲取各類資訊，然而網路獲得的知識也可能紊亂不堪或有謬誤，一般大眾卻未必懂得分辨其中虛實。

　　陳潮宗醫師是祖傳三代的中醫師，自小生長在中醫藥環境中，耳濡目染下接受醫學知識的薰陶，進而對中醫培養起濃厚的興趣，走入中醫的世界。陳醫師行醫至今已37年有餘，有感於現代人身處資訊爆炸年代，卻不一定能夠分辨正確的資訊，無法正確的理解醫學知識，在身為醫師的使命下，憑藉其嫻熟深厚的中醫專業，匯集多年行醫經驗撰寫了此書，致力破解各式流竄於網路的養生保健迷思，將其轉為淺顯易懂的珍貴資料，幫助眾人不被未經證實的資訊誤導，進而維護個人健康。

　　資訊時代要保身，得學習「辨別資訊真偽」，這本書中輯錄自眾人曾聽聞的各種醫學保健迷思，陳醫師以淺顯易懂的方式，幫助大家破除許多似是而非的觀念，可說是本通俗易懂、普及大眾的醫藥常識好書。一本好書能讓讀者受用無窮！希望能藉由這本書傳達給社會大眾更多的正確保健知識，進而達到袪病養生、強身健體的目的，同時更由衷期盼能透過陳醫師之手，將中醫的健康養生概念分享給大家，擁有健康的人生！

| 推薦序 2 |

認清誇大不實的迷思，
吸收正確的中醫藥保健知識

中華民國中醫師公會全國聯合會理事長／**詹永兆**

　　中醫師公會全國聯合會曾與《康健雜誌》合辦「中醫醫療認知與行為」網路調查，目標鎖定對健康意識高度關注的族群，在收回上千份問卷中發現，民眾看中醫的原因愈來愈多元，不只「筋骨痠痛」要去看中醫，民眾也常因「調理身體」、「呼吸系統」、「婦科問題」及「睡眠困擾」看中醫，中醫儼然已是台灣人醫療方案不可或缺的一環。但在調查中也發現，不少民眾對於中醫藥，甚至是對於一些日常生活上的保健，都有認知上的錯誤，其中最明顯的例子就是有超過 6 成的女性誤以為「生理期後一定要喝四物湯補血」，更是「錯很大」，要知道喝四物湯時，

若忽略部分藥用成分如果使用時機不對，反而可能延誤其他病情，不可不慎。

現今網路上充斥各式各樣的養生保健資訊，然而這些資訊不一定正確，其中也有許多迷思需要被釐清，本書作者陳潮宗中醫博士，擁有近 40 年的豐富臨床經驗，他以自身臨床治療、實務個案做延伸，針對現代人最關心的筋骨痠痛、呼吸系統、婦科問題、兒童成長、減重……等議題，透過中醫治療與應用分享，解讀其中之奧祕、破除其中之迷思。

好的書會讓讀者受用無窮，陳潮宗中醫博士將以本書來教導廣大民眾如何分辨這些所謂「養生保健資訊」的虛與實，認清這些誇大不實的迷思，當個耳聰目明的閱聽人，我十分誠摯地將這本書推薦給您，不僅希望此書能成為您一生的保健智庫；更希望您能從中吸收許多正確的中醫藥保健知識，藉由此書對抗不實資訊及假訊息的散播，成為捍衛您與家人的健康守護神，永遠過得健康又快樂！

| 自序 |

釐清醫學謠言，做出適合自己的保健決策

　　我自民國 75 年執業至今，一瞬間 37 年便過去了。行醫 37 年來，我每天都在幫助患者做出重要的健康決定，也時常遇到許多接收了錯誤資訊的民眾，不論他們的訊息是來自家人或媒體，那些所謂「有益健康」的認知根本大錯特錯，而他們也常在習以為常中忽略掉其中的真實性。

　　實際上，以這些錯誤認知來進行治療也往往效果不彰、甚至無效；然而當我以更現代化、科學化的新思維為患者進行治療時，反而得到不錯的療效，這讓我更確定這些廣為流傳的錯誤訊息必須進行修正。舉些常見的例子：扁平足穿足弓鞋墊能護關節？過敏兒要游泳？運動傷害後到底該冰敷還是熱敷？婦科聖藥四物湯的飲用時機又是何

時……等，以上這些都是常見的錯誤認知，也是我想要為大眾釐清的醫學謠言。有鑑於此，我意識到自己有必要撰寫一本受眾更廣的書籍，撰寫這本書的使命感油然而生。

行醫多年，至今我已發表有學術專書 2 本、科普著作 21 本和 56 篇學術論文，其中包括 4 篇 SCI 論文，但這本書堪稱是我心目中最想出版的一本書籍。出版本書目的在幫助民眾辨識時下熱門醫療保健資訊的真實性，讓大家在面對各種健康問題時，如何做出適合自己的保健決策。在我門診中常見的肌肉骨骼疾患，到各式飲食及中藥禁忌，以及一般民眾相當重視的減重及皮膚保養等諸多固有迷思，我都在這本書中逐一解釋、逐一破除其中的謬誤。

希望各位讀者能保持開放的態度，摒除先入為主的觀念，輕鬆愉快的閱讀這本書，相信大家不僅會發現其中許多觀點出乎你的意料，也能因書中的建議獲益，盼各位在閱讀本書之後，可以建立起對醫療保健謠言的抵抗力，不受錯誤訊息誤導，健康、亮麗、快樂過每一天。

[目錄]
HEALTH

第一章　破解肌肉骨骼迷思

第二章　疾病相關　⊕🔍

[目錄]
HEALTH

第三章　**關於女性生理期、坐月子** 🔍

第四章　**破解長高迷思** 🔍

[目錄]
HEALTH

第八章　日常睡眠與皮膚保養

第  章

破解肌肉骨骼
迷思

扁平足穿足弓鞋墊
能護關節？

Medical **K**nowledge

01

扁平足穿足弓鞋墊能護關節？
當心反而穿出大問題

　　我在門診中看見非常多患者，因為腳痛、腰痛、膝蓋痛或肩膀僵硬等不適症狀前來就醫。患者們經常抱怨，無論再怎麼努力放鬆和按摩，卻還是痠痛難耐、治不好，進一步檢查才發現這些症狀竟然都是由扁平足所引起，而許多患者在此之前從來不知道自己是扁平足。

　　根據統計發現，國內有 15% 到 30% 的人民眾都是扁平足，平均 5 人就有 1 人，比例相當高。扁平足就是俗稱的「鴨母蹄」（台語），因為腳掌像是鴨子腳上的蹼一樣，走路時完全平貼在地面上，才有了這項稱呼。

　　認識扁平足之前，我們先來談談腳掌的構造。大家可以觀察看看自己的腳，當我們的腳站立在地面上的時候，只有腳掌外側會緊貼著地板，但內側則是懸空的，這部位也就是俗稱的足弓。

　　人的腳掌是由「內側縱弓」、「外側縱弓」及「橫弓」3 種足弓所構成，其中內側縱弓的功能是避震和吸收地面衝擊力，一旦失去功能，容易將行走時的反作用力衝擊到小腿或骨盆；外側縱弓是在步行時負責支撐重心轉換，要是失去功能將使得步行不順暢；橫弓則是讓身體在行走時產生向前推進的力量，萬一失去功能容易導致足部疼痛，走路步伐也會變小並使小腿肚繃緊。

　　扁平足的腳掌之所以會平貼在地面，主要原因在於內側縱弓塌陷，因此當扁平足的人行走在路上，足部就彷彿一部沒有裝避震器的車，無法吸收身體重量踩踏到地面後，帶來的反作用力，尤其跑步、運動時帶來的衝擊力將傷害全身關節，增加關節退化風險。值得注意的是，扁平足是會遺傳的，如果父母是扁平足，孩子也有較高比例為

扁平足。

　　扁平足主要分為 2 大類，多數人都是「柔性扁平族」，占比約 9 成，這類扁平足的特色在於腳掌沒有承受重量時有足弓，但只要踩踏到地面後，足弓就會消失；另一種為「僵硬性扁平足」，約占 1 成，這類扁平足與先天性跗骨黏合有關，簡單來說就是骨頭黏在一起，導致足弓永遠都不會出現。

　　近年許多業者推出專為扁平足量身打造的「足弓鞋墊」，宣稱穿上後就像替足部裝上避震器，可以降低行走時對關節帶來的衝擊，但這麼做真的有效嗎？

　　扁平足顧名思義就是距骨間腳底板的空隙較小，使得走路時腳底平貼地板，也讓足部無法形成天然的避震器，而扁平足一族穿上足弓鞋墊後，形同在站立時，於腳底凹出假的足弓，讓原本貼平地面的腳掌出現類似足弓的弧度。這樣一來，豈不是讓僅剩一點點的避震、緩衝空間，完全被鞋墊所填滿了嗎？非但沒辦法改變身體於行走時瞬間吸收、承受的重力，反而讓人更加不舒服，就像時時刻

刻在腳底踩著一塊大石頭，很多患者因此出現腳痛、頭暈、血壓升高等症狀，扁平足使用足弓鞋墊絕對是錯誤迷思！

在我看來，扁平足可以視為一種生命多樣性的表徵，是不同人體構造的一環，就像有人遺傳了爸媽的雙眼皮，也有人遺傳到單眼皮，同理，扁平足也不必非得有足弓不可。特地開刀「做」出足弓或是花好幾萬塊做足弓墊，不但成效不彰，更可能造成反效果，實際上只要穿上氣墊鞋就能改善扁平足缺乏天然避震器的缺陷，減少運動或行走時的身體震盪。

相較於沒有足弓的扁平足，另一個極端則是足弓過高的「高弓足」，產生的問題也比扁平足多得多，高弓足因腳掌與地面的接觸面積太小，反而適合穿足弓鞋墊，而不適合穿氣墊鞋。有趣的是，若從不同角度來看，扁平足雖因足板較無弧度，故不適合跑步，但在水中的打水力道卻比一般人要好，相當適合游泳呢！

想知道自己是不是扁平足？不妨試試「濕足印測試

法」，只要在地上鋪兩張白紙，接著將腳打濕後踩上去，就能根據足弓、足底拓印的形狀來判斷是否為扁平足。

02

別再亂做毛巾操！別搞錯，五十肩不是「沾黏」，很可能是「發炎」

　　現代人工作壓力大，在辦公室往往一坐就是一整天，肩頸、腰背痠痛早已成為家常便飯。不過，最近幾年我在門診中，發現愈來愈多病人因為肩膀關節疼痛前來求診，這些患者的共通點就是手臂無法高舉，只要舉過肩膀就疼痛不已，導致搭公車時拉不到把手，在家中也拿不到高處的物品，梳頭、曬衣服都疼痛難耐，造成生活中諸多不便，嚴重者甚至必須改變睡姿，影響到睡眠品質。

　　部分病人曾被其他醫師診斷為「五十肩」，要求患者

開始做起毛巾操，目的是把五十肩造成的「沾黏」拉開，結果幾個月下來，症狀反而愈來愈嚴重，其中關鍵的原因就在於「五十肩是發炎，而不是沾黏」，實際上沾黏與發炎完全是不同的樣態，許多人因為錯誤認知，而使用了錯誤治療方式，自然是治也治不好！

　　所謂「人無骨不立，骨無節不活」，我們都知道「關節」就如同門片上的活葉，在骨與骨之間扮演軸心的角色。人體有多達 146 個關節，絕大多數都只能做單向或小角度運動，唯有「肩關節」是可以讓我們做出拋球、游泳等大角度運動的關節。

　　為什麼肩關節這麼神奇呢？祕密就在於肩關節的運動機制有兩層，其一是負責肩關節水平移動，另一則負責垂直、上下移動。我們的肩峰下有一滑囊，肱骨上也有一滑囊，此二者雙聯併為融合滑囊，又稱之為「黏連囊」，這個雙併的滑囊就像置於肩峰鎖骨下的「類似泡麵內附的油包」，裡頭裝有潤滑油，外面有一層堅韌的外膜，為手臂做外展動作時支點軸心潤滑之用，當手臂平移外展時，會

以此雙聯併的滑囊做為運動之支點，故肩關節能平移是以雙併滑囊為軸心。而當我們手臂上舉時，是以盂肱關節核心為支點，故肩關節能上舉是以盂肱關節為軸，而在肱骨與肩胛骨間則有一「肩盂唇軟骨」。上述的「黏連囊」與「肩盂唇軟骨」則以肱骨頭的中心點為同心圓，作為手臂上舉、外展時的支點軸心，也是肩關節可以全方位運動的原因。

罹患五十肩的病人之所以無法上舉抬起手，正是因為肩的肱骨關節障礙所引起，一旦被周圍的肌肉運動時拉扯到就會疼痛，無法完成上舉、也無法做外展和後伸的動作，當按壓肱骨外上側或肩胛骨外側時，是黏連囊發炎，也會有明顯的疼痛感。

五十肩無法外展後伸，正式全名為「肩關節黏連囊炎」，是中老年人常見的疾病，一般來說，不論上舉或外展都無法做到正常的生理角度，我們都可以認為是肩關節的功能障礙，因其正式學名較長，又好發於 50-60 歲民眾，因此簡稱為「五十肩」；不過，由於五十肩的英文

名稱「Frozen Shoulder」，經常被翻譯成「冷凍肩」或「冷凝肩」，正是這字面上的意思，讓人誤以為五十肩是肩膀組織沾黏，卻忽略它其實是一種發炎反應。

五十肩的成因很多，有可能是老年性退化病變，也有可能因外傷、慢性勞力損傷等原因引起肩關節或滑囊、肌腱、韌帶等周圍組織發炎，引發肩關節的疼痛與功能性的障礙。

值得注意的是，五十肩患者以女性較多，女性與男性比例約為 3：1。每當在門診中遇到疑似罹患五十肩的患者，我都會先請他們做兩個動作，來測試患者關節的活動度。

首先，我會請患者把疼痛那一側的手臂往前伸直，接著往上挺舉，前臂往耳朵靠近，並且與另一側正常的狀態進行比較，若手臂上舉無法迅速、敏捷地完成，或是手臂上舉伸直時，上臂無法緊貼耳朵，便是五十肩警訊。

接著請患者把手掌併攏置於胸前，手肘部位垂直往下不要彎曲，讓手肘與上臂緊貼胸前，手指併攏、指尖向上，並且以肩膀為軸心向後做外展的動作，直到達到極限

為止，如果外展的動作小於 120 度至 135 度，就可能就是五十肩。

在治療方面，我建議五十肩的患者在疼痛發炎期，一定要讓肩關節好好休息，儘量避免使用它，並在局部冰敷，冰敷方式一次 20 分鐘，每 2 小時一次，或每小時 10 分鐘，或貼消腫消炎藥布，也可利用手臂吊帶減輕肩部壓力。最重要的是，千萬不要聽信錯誤迷思，在此時做復健運動，否則只會讓發炎的部位持續惡化、疼痛加劇。不過，如果不是發炎造成的疼痛，而是慢性痠痛，則可加強局部被動式或自行按摩來促進血液循環，讓滑囊獲得充分休養、加速修復。若因患部不易按摩，也可用家裡隔間門框來自我復健，將疼痛點抵住門框，以身體力量去推壓，達到自我按摩的效果。

臨床上，許多五十肩患者因為用了錯誤的治療方式，遲遲好不了，也因害怕疼痛而不敢移動肩關節，反而可能讓肩關節漸漸攣縮、沾黏，其實只要正確、積極的治療，相信很快就能根除頑固的五十肩。

03

做股四頭肌運動改善膝蓋關節退化？當心反效果找上身

　　「老化」是生命中無法避免的過程，我們的身體「走」過半個世紀之後，承受最多壓力的腿部關節是最容易出現故障、老化的器官。原來我們平日行走時，施加在膝關節的壓力相當於體重的 3.5 倍，跑步時所受的壓力更是體重的 7 倍以上，這也讓膝關節、踝關節成了人們最容易出毛病的兩大關節。

　　根據統計，50 歲以上的中年族群當中，至少一半以上患有退化性關節炎。膝關節退化的早期症狀包括局部鈍痛與痠痛，尤其在上下樓梯時疼痛症狀更為明顯，休息

過後疼痛症狀雖然會改善，但早上起床或久坐馬桶時，關節會變得僵硬，活動時更會發出各種「喀啦、喀啦」的響聲，只是患者大多對於這些症狀不以為意，忽略早期的診斷與治療的黃金時機。

既然老化無可避免，如何延緩老化就成了每個人都得學會的必修課題。不少醫師鼓勵膝蓋退化患者做「股四頭肌運動」，透過提升腿部肌肉量來保護膝蓋免於受傷。但實際上，這些動作很有可能會為原本就相當脆弱的膝蓋，帶來更大的負擔。

我們的「膝關節」主要由大腿的股骨、小腿的脛骨以及上方的髕骨所構成，骨與骨之間是由兩條側韌帶以及兩條十字韌帶連接起來，中間並有兩條半月板韌帶，為膝關節提供穩定性，同時還有許多「保護設施」，缺一不可。比方說，骨與骨之間的軟骨即半月板，可作為避震及潤滑的緩衝氣囊，還有滑膜將整個膝關節包裹起來，滑膜還會釋放出特別的液體，減少膝關節磨損，這當中只要有任何一部分受傷或退化，都可能造成膝關節不穩定或疼痛。

　　膝關節是人體重要的活動關節，舉凡跑、跳、蹲、走路等動作，都得在膝關節的輔助下進行，一旦膝關節不好，勢必會對生活上帶來種種不方便。

　　為什麼說股四頭肌運動不適合膝關節退化的患者呢？我們都知道中風的患者要勤做復健，多做運動來活化關節，不但能鍛鍊肌肉，還能刺激腦神經修復，這是因為中風的患者受損的部位在腦神經，而肢體運動造成神經反饋刺激是一種有助於恢復的方法。反觀膝關節退化病人受損的部位是膝關節中的「零件」，這時候再多做抬腿、抬高膝蓋的運動，豈不是讓原本已經退化的零件，磨損得更加嚴重嗎？想促進人體組織修復，最好的方法就是促進血液循環，因此我們不妨於非發炎期時，在膝蓋周圍做點熱敷、按摩，或找中醫師進行針灸、推拿等治療，才是舒緩膝蓋的最佳方式。

　　中醫師在面對這類患者時，我們會使用獨活寄生湯或疏經活血湯來治療，既能驅散風寒濕邪，還能兼補肝腎、活血通絡並且有效緩解疼痛，若是膝關節反覆疼痛，也建

議找專業的中醫師來判斷是否屬於急性發炎。

　　除了治療，平時的保養也非常重要。大部分膝關節不好的人，多少都有一些過胖的問題，務必注意控制體重，避免造成膝關節過多的負荷，平時可以養成適度運動的習慣，切記運動前一定要妥善熱身，並且在天冷的時候注意膝蓋的保暖以防寒氣侵襲。

　　膝關節退化患者，很多都是因為年輕時膝關節過度使用、過度磨損所致；也有部分患者，是因先天性下肢結構上的不正常所導致。如果您超過 50 歲而且開始發現自己膝關節變得不是很靈活，甚至出現一些退化症狀時，最好就醫進行 X 光檢查，及早發現才能及早治療！

04

急性扭傷疼痛可以針灸嗎？這樣做才能遠離二度傷害

　　34 歲的李先生是位水電師傅，在一次搬重物的時候不慎扭到腰，他趕緊看了中醫，原本以為休息個 3 天就會大有好轉，不料疼痛愈來愈嚴重，更從此開啟他的痛苦腰痛人生。過去 2 到 3 年以來時不時地復發，令他痛苦不堪，後來到醫院做理學檢查更發現腰部肌肉變得一邊高、一邊低，出現左右不平均的情況。

　　後來他經朋友介紹來到我的診所求診，一問之下才發現，扭傷當下替他看診的那位中醫師，竟在他扭傷的患部進行針灸，也就是在急性發炎期於疼痛點直接施以強烈刺

激，這種做法極有可能造成二度傷害，疼痛情形也會更加嚴重。

所謂的急性疼痛，代表肌肉、筋膜拉傷發炎，第一時間必須趕緊冰敷、包紮、固定，若要針灸也不是不行，但必須利用中醫特有的「繆刺法」，在患部的相對應位置進行遠端治療，簡單來說就是「頭痛醫腳」、「腳痛醫頭」、「左痛治右」、「右痛治左」，同時利用針刺刺激讓人體生成腦內啡，達到止痛的作用，而非直接在疼痛的部位進行針灸。

一般來說，若是因外傷或急性扭傷造成的疼痛，通常是出現單側的疼痛；若是運動過度或使用過度引起之疼痛，則是出現雙側疼痛之特性。要是急性期沒有以正確的治療方式根治，後續可能反覆多次發生扭傷，使得受傷的筋膜遲遲無法完全修復，衍生為慢性疼痛的問題。若是由急性扭傷轉成的慢性疼痛，一定有一個痛點，而且通常出現在單側，按下去的時候會感到痠痛，這時候就該改以熱敷、推拿、按摩或針灸治療來緩解症狀。

　　無論急性疼痛、慢性疼痛都能靠針灸解決，你是否也好奇「針灸」究竟是什麼？為什麼能有如此神奇的功效呢？

　　針灸是古人傳承下來的經驗結晶，現代醫學已經透過動物及人體實驗，找出針灸抑制疼痛的機轉，就連世界衛生組織（WHO）目前也已正式認可針灸能治療多達 64 種疾病，包括糖尿病、心臟病、氣喘、中風，甚至是紅斑性狼瘡等疾病，不但見效快、省時間，也不用吃下苦澀的藥物。

　　針灸雖好，但仍然有不適合使用的禁忌症，像是針刺部位有感染、不明腫塊、出血情況，曾經有暈針經歷的病人、懷孕的婦女、囟門未完全閉合的小兒，或者是針灸當下飢餓、疲勞、虛弱、情緒不穩、有躁動傾向者都不適用針灸，以免發生暈針或受傷意外，反而得不償失！

05

不是媽媽也會得！「媽媽手」找上身該冰敷還是熱敷？

　　「別怕媽媽手，趕快生第二胎就好了！」每逢街坊婆婆媽媽們聊到「媽媽手」時總是這麼說道，究竟媽媽手是不是身為媽媽們才會有的病症呢？想緩解疼痛究竟該冰敷還是熱敷呢？

　　迎接新生命是每個家庭最甜蜜的大事，但寶寶出生後，隨之而來的是沒日沒夜地照顧工作。只要寶寶一哭，新手爸媽們就嚇得趕緊抱起寶寶，好不容易哄睡，一放下卻又開始放聲大哭，雙手在如此頻繁使用及出力之下，很容易導致手腕部位肌腱發炎，也就是俗稱的「媽媽手」。

　　媽媽手的正式名稱是「狹窄性肌腱滑膜炎」，但很多人經常誤以為「媽媽手」是媽媽們特有的疾病，這真是一大誤會，實際上，不分男女老少，凡是過度使用手腕的族群，都是容易罹患媽媽手的危險族群。只不過，由於新手媽媽們長時間照顧寶寶，容易造成手部彎曲過勞、肌腱磨損，再加上產後內分泌改變等因素影響，使得身體肌肉骨骼系統及筋骨潤滑機能嚴重退化，確實比常人更容易有媽媽手，出現發炎和疼痛症狀。

　　造成媽媽手的原因，主要是過度使用手腕導致發炎、局部潤滑不足。我們的手腕肌腱表面有層滑膜，在滑膜與肌腱間有滑液，主要提供潤滑作用，減少肌腱活動時的摩擦，當手腕過度使用，致使滑膜發炎緊縮，滑液無法發揮其潤滑作用，自然影響手腕靈活動作。

　　媽媽手患者最初會感到大拇指肌腱接近手腕處出現緊繃感，隨拇指持續拉扯，肌腱發炎症狀也會愈來愈嚴重，甚至造成沾黏，大拇指接近手腕處出現腫脹、疼痛、無法施力等不適感，是最典型的症狀。

從中醫的觀點來看，之所以出現媽媽手，是手腕及大拇指之間出現氣血瘀滯所致，觸摸患部時會出現微熱、針刺的刺痛感，這時可以利用冰敷來緩解疼痛症狀，千萬別想著要舒緩肌肉而熱敷，不然恐怕會愈來愈嚴重。

即便冰敷可以短暫舒緩媽媽手帶來的疼痛症狀，但我還是要特別提醒，症狀緩解後仍然需要接受妥善治療，並且儘可能讓手部多休息，才是根本的改善方法，否則不久後很可能再次復發。

補氣益血是媽媽手的治療關鍵，我們除了內服中藥，也可以搭配藥膳、中藥薰蒸、藥浴加強療效，減少復發機會。

這邊也和大家分享一項相當簡單的藥膳「當歸桂枝瘦肉湯」，首先準備 100 公克的豬肉片，以熱水汆燙去除血水後備用。接著取當歸、羌活、桂枝各 10 公克，泡水洗淨後置於鍋中加水大火烹煮 10 分鐘，接著轉小火再煮 30 分鐘，去除藥渣後，在藥湯裡加入豬肉片、少許鹽巴、味精、蔥末、3 片薑片調味，最後經大火煮沸就可以食用，

有助於溫經通絡、活血止痛。

　　除了媽媽手，「腕管綜合症」也是媽媽們經常手腕疼痛的重要元凶，又稱「腕隧道症候群」。料理家中大小事務的家庭主婦，無論洗碗、洗衣服、拖地等工作都有賴手腕來進行，因過度做出手掌內屈動作，使手腕部位內屈肌肉長時間彎曲，致使肌腱腫脹，久而久之夾壓手腕正中心的神經，導致氣血流通受阻，進而出現手指麻木及疼痛，多數時候都出現在單側手腕。

　　相較於媽媽手，腕管綜合症的病程比較緩慢一些，發病初期姆指、食指、中指會出現麻木或刺痛症狀，尤其食指不適感會特別明顯，少數患者手指會出現燒灼痛感，隨病情漸趨嚴重，有些病人晚上睡到一半甚至可能被痛醒；由於少數嚴重患者會同時出現肘部、肩部放射性疼痛，就醫時有時會被誤診為頸椎疾病，在沒有獲得妥善治療之下，久而久之可能使手掌的魚際肉萎縮、麻痺。以上症狀，常好發於 40 歲以上女性，尤其是常使用滑鼠工作者、家庭主婦烹飪常使用鍋鏟、工廠作業員包裝做手工等

等，都是常見罹患此病的族群。

　　在治療上，西醫復健科醫師以手術方式，切開壓迫正中神經的橫腕韌帶，減輕神經壓迫、進而消除症狀；部分中醫師則採用針刀方式針撥局部沾黏。我在診間常常發現一些患者因上述治療，導致沾黏更加嚴重。我反向思考，只用細微的針灸針，即現今最流行的顏面美容針（直徑為0.16mm），在手腕部位橫腕韌帶上方，自手肘往手腕方向沿皮下淺刺，並留針20分，其原理因淺刺會促進橫腕韌帶與肌腱潤滑功能正常而減少摩擦。值得注意的是，腕管綜合症的病人在工作期間，可能因手部溫度升高使得疼痛症狀加劇，這時候不妨甩甩手指，有助於暫時緩解症狀。但仍然務必及早就醫，只要以藥物搭配針灸、推拿治療，大約1到2週療程過後就能大有緩解，不要輕易地使用針撥或小針刀治療，避免引起患部沾黏的風險！

06

別再亂喬！扭傷、筋骨錯位不是喬回去就沒事

　　打籃球是最受高中生歡迎的運動之一，每逢下課或放學時間，總會見到許多青春男女在籃球場上奔馳。日前就有一名就讀高中二年級的張同學前來求診，腳踝腫得跟「銀絲卷」一樣大顆，痛到連路都走不了，一問之下才發現，張同學昨天和其他同學大玩鬥牛比賽，跳起搶籃板時身體重心失去平衡，一落地就扭傷了右腳踝。一旁恰巧有一位學長撞見，自稱有學過接骨的功夫，興致勃勃地替張同學推拿與整復筋骨，無奈受傷部位病情並沒有改善。張同學回家之後，又聽別人說腳扭傷要泡熱水才會好，便自

作主張泡了熱水試試，結果隔天一早發現腳踝腫脹程度比原來的大了 2 倍以上。

看到這個情形，我先是建議他到醫院照 X 光確認沒有骨折，才確定是因為扭傷後以錯誤的方式護理，導致受損的部位受到二度傷害。實際上，類似張同學以錯誤的方法亂喬、亂熱敷的個案並不少見，尤其很多傷科、筋骨師傅看到這種情況，經常會說「你這是骨頭移位，我幫你喬回去就好」，筋骨受傷想靠「喬」回去來解決的觀念，可真是大錯特錯。

人的筋骨和器械的原理不同，不是筋骨歪掉了喬回去就好。骨頭與肌肉之間是柔性的，彼此之間有拉扯與牽引的作用，一旦肌肉受傷，也會連帶導致骨頭的拉力不平均，譬如單側的肩膀受到撞擊，受傷的肌肉便會失去拉力，連帶使得另一邊的拉力不平均，無法利用單純的拉力把脊椎拉正，無法有效調整、長期矯正，整個人便會歪歪斜斜的。

當急性受傷時，當務之急就是設法消腫、消炎，透過

按摩疼痛的肌肉，讓拉力恢復平均，只要骨頭沒斷，人體都會自行慢慢地恢復原有的平衡；而要是嚴重到骨折，骨骼內的血管也會被折斷、嚴重出血，骨骼肌肉結構不平均的情況也會更為嚴重，復原速度自然也沒這麼快。

最重要的是，扭傷之後切記不可推拿與熱敷，否則恐怕會造成更嚴重的內出血，導致組織損傷更加嚴重。

另外，坊間有些整脊治療宣稱能治癒氣喘、過敏性鼻炎、失眠、胃腸道等疾病，無非都是誇大療效。很多推拿整脊的師傅們，根據一個圖表就說明所有疾病都與脊椎兩側延伸出來的「脊椎神經物理性夾壓」有關，萬病皆由此所引起，這是片面且錯誤的說法，疾病不單是因「脊椎神經受骨刺壓迫」或「椎間孔狹窄」……等因素造成，應該要更宏觀、更多元地去判斷。

整脊其實是一種非侵入性的醫療行為，對於落枕、急性下背痛、坐骨神經痛、椎間盤突出、脊椎滑脫、急慢性腰扭傷等骨骼關節錯位的問題有很好療效，但整脊不當仍然有可能造成椎間盤突出、脊椎骨折、大腿癱軟、無力等

意外事故，因為大腿的神經發源於腰椎與薦椎的間隙，一旦腰椎與薦椎間隙出現損傷、血腫，就會壓迫並夾壓到大腿的運動神經，進而增加下肢癱瘓風險，既然整脊屬於醫療行為，建議民眾務必找專業的醫師、中醫師或物理治療師進行；若有骨質疏鬆、脊椎滑脫、脊椎結構異常、脊椎或腰椎有開刀的民眾，則應避免整脊。

07

腳受傷骨折，抬腳能促進血液循環有影無？

　　相信大家多多少少都聽過抬腿的好處，無論是增進血液循環，還是能夠避免久站、久坐族出現腳部水腫的情形，甚至傳聞說天天抬腿能夠達到瘦腿的功效。久而久之，抬腿彷彿變成一件有益無害的全民運動，因此每當身邊有人腳受傷、骨折，身旁親友也總會建議多抬腿，藉此促進血液循環來加速傷部復原，這其實是不正確的觀念。

　　實際上，人體有所謂的「生理姿勢」，舉例來說，正常放鬆的雙手應該是自然地下垂或微微握拳，但如果將雙手用力握拳、握得很用力，這肯定就不是正常的生理

姿勢。

　　將這個概念套用到腳部也是一樣的，當雙腳抬高時，確實能夠加速腳部的血液回流，但卻沒辦法幫助血液流向腳部，如此一來，加速血液循環只做了半套，不但無法達到改善的效果，反而會讓受傷部位或傷口沒辦法獲得足夠的血液，復原速度更加緩慢。

　　人體內的血液、淋巴液、組織液都是流淌、遍布於全身各處的血管、淋巴管等「管線」裡，當心臟的位置比腳還要低，這些液體受到地心引力影響，自然不容易送達這些末端的位置，全身肌肉也得費更大的力氣來把氧氣輸送出去。相較之下，人在躺平的時候反而是最舒服的生理姿勢，躺姿時的血液循環狀況也最好，因此別再把抬腳當成治百病的方法，只有找到每個部位的生理姿勢，才算是最適合自己身體的姿勢。

　　除了抬腿，也有一派人認為倒立對於增進血液循環有幫助，但正如前面所提到的，人在倒立時生理姿勢會大亂，導致血液倒灌，嚴重妨礙血液按照原本預定的路程一

路運送到該去的地方以及回流至心臟，因此倒立確實可以用來當作鍛鍊的一種，但真的不建議大家長時間倒立喔！

08

常翹腳骨盆會「歪掉」？過時觀念該更新了

　　看電視、追劇是每天最放鬆的時刻，不少人坐著坐著就會順勢翹起二郎腿，此時老一輩總不忘叮嚀「翹腳小心傷脊椎」，甚至有醫師或物理治療師會說「翹腳骨盆會歪掉」。在我看來，這些都是過時的錯誤迷思！

　　我們的身體構造是以脊椎為中心，左右維持平衡，脊椎由上而下分別分為頭椎、胸椎、腰椎、薦椎及尾椎等 5 個部分，最後再延伸到兩條大腿及小腿。脊椎之所以能夠維持平衡，有兩個主要的得力助手，首先是骨頭與骨頭之間會有「韌帶」相互連結，骨頭與肌肉之間也會相互拉

扯，共同組成一個既平衡又有彈性、可活動的結構。

　　不過，當我們久坐或是久站時，兩側部分肌肉就會容易感到疲勞，像是阿兵哥站岡哨、儀隊士兵站崗，或像是準備重要考試的學生，時常在圖書館一坐就是一整天。無論是站太久還是坐太久，這些長期施力的肌肉都會因為疲勞而出現痠痛症狀，因此我們身體就會自動啟動調節機制，透過調整身體的姿勢，讓疲勞的肌肉可以放鬆、休息，改為利用側面的、先前沒有施力的肌肉來幫助我們維持想做的動作。

　　有開車經驗的朋友都知道，開長途車一坐就是好幾個鐘頭，要是遇上塞車恐怕還得坐更久，同樣的姿勢維持久了，真的是會感到渾身都不對勁。因此很多好的汽車會配備有電動椅調節，有些車子還能夠設定很多不同的慣用坐姿，這都是為了緩解久坐後肌肉疲勞的問題。

　　更重要的是，雖然我們常聽長輩說「坐要有坐相」，但這種端坐的姿勢其實並不符合人體工學，像是宗教的打坐、阿兵哥坐板凳只能坐 1/3，這種看似端正、端莊的姿

勢一旦維持太久，都會讓身體感到相當不舒服，必須換個姿勢來調節肌肉，這時翹腳、踮腳、拉伸腳底板、盤腿坐等動作，都是為了放鬆肌肉的重要調節機制，和骨盆歪不歪並沒有太大的關係，千萬不要被錯誤的訊息誤導了！

第 2 章

疾病相關

拉單槓治
腰椎間盤突出？

Medical **K**nowledge

09

咳嗽不能吃水梨、橘子嗎？分辨冷熱咳才是關鍵

　　每個人都有過咳嗽咳不停的經驗，尤其在秋冬的感冒季節更是容易「酷酷嗽」。然而，坊間止咳偏方百百種，究竟吃燉梨子、烤橘子、喝杏仁茶有沒有效？還是要根據有痰、沒痰才能加以判斷？不僅民眾看得霧煞煞，就連醫生也容易混淆，做出錯誤診斷而開錯藥方，驗證了「土水師怕抓漏，醫生怕治咳」的俗諺所言不假。

　　不想讓小小的咳嗽成為影響日常生活的元凶，對症下藥才能藥到病除。在此之前，我們必須搞懂自己的咳嗽究竟是「熱咳」還是「冷咳」！

　　一般人經常誤以為，咳嗽時無痰就是熱咳、有痰就是冷咳，這是非常普遍的錯誤迷思。實際上，有沒有細菌或病毒感染才是主要的判斷依據，也會影響後續飲食調理和藥物選用，冷熱咳到底差在哪？我們一起來看看。

　　所謂的「熱咳」又稱作「乾咳」，經常發生在病毒、細菌性感冒患者身上，也好發於頻繁講話或吸菸的族群身上。感冒引起的熱咳大多出現在感冒急性期，病人因氣管壁發炎、紅腫，導致疼痛、化膿或咳出濃稠分泌物，嚴重者容易感到口乾舌燥並伴隨發燒頭痛、聲音嘶啞低沉、舌苔厚黃等症狀。如果不是因感冒引起的熱咳則不一定有痰或分泌物，但同樣會出現喉嚨乾燥、搔癢且咳個不停，常見患者咳到胸痛、肋骨痛。

　　熱咳在治療上以止咳、潤燥、消炎、消腫為主，除了要有充足睡眠、減少談話，讓咽喉、氣管得以適當休息。藥物方面宜用辛涼透發藥物如：甘草、桔梗、杏仁、黃芩、魚腥草、桑葉、菊花、薄荷等，不僅能鎮咳化痰，更要治療細菌感染，若有濃痰者則佐以排痰藥劑，飲食上要

禁吃甜點、冷飲、辛辣、刺激性的食物，避免過度刺激，造成咳嗽反覆發作。

正因熱咳的病人必須多補充水分以減緩發炎，多吃瓜類、水梨等含水分的水果都有助於改善，柑橘類食物如橘子、金桔茶、陳皮等也可化痰並具輕微止咳功效。此外，杏仁也有鎮咳作用，但要選有具苦味的北杏才有效，市售杏仁茶常會加入少許北杏，咳嗽時可用。至於杏仁果、杏仁片等南杏製成的零嘴則勿貪嘴多吃，不僅無法鎮咳，吃多了還可能因上火，導致症狀更嚴重。

至於「濕咳」又稱為「冷咳」，氣管內的水分過多是主要致病原因，例如過敏、氣喘都屬於濕咳，另外像是老年氣管退化、肺氣腫、肺阻塞（COPD）也是濕咳的一種，正因氣管內水分過多，病人在呼吸時經常會出現「咻咻」聲，也就是哮喘或哮鳴音，痰液呈現稀白、泡沫狀，遇冷會咳得更凶更猛，入夜後咳嗽症狀也較嚴重，嚴重者則難以平臥，必須端坐呼吸，才會感到舒服。

濕咳在治療上，最重要的是讓身體、氣管內變得乾

燥、去濕，同時促進排出氣管內的痰並減少分泌物產生，宜用辛溫解表的藥物，如：防風、紫蘇、麻黃、生薑、甘草、辛夷、蘇子、桂枝等，對於改善冷咳皆有良好助益，但像是水梨和瓜果這種生冷又寒涼的食物就不適合，會增加氣管內水分分泌，另外像是蘿蔔、白菜、冰飲、冷食等也是，也會降低抵抗力，影響身體復原能力。

另外有坊間止咳偏方建議喝熱可樂、加鹽的沙士或甘蔗汁，這些含有高糖分的飲料非但沒有止咳功效，還會使得痰液變多、變濃稠，反而咳得愈厲害，我建議這類飲品可以 1 倍的開水稀釋，在發燒後飲用，來補充流失的葡萄糖及電解質。經常講話的人倒是可以適量飲用蜂蜜水，滋潤喉嚨和氣管黏膜，但蜂蜜也是甜食，建議有濃痰時最好別喝，或者稀釋飲用。

最後切記！要是咳了超過 3 個月還沒好，甚至咳出血來，則要小心有肺部纖維化、肺癌或肺結核的風險，必須到醫院做 X 光、電腦斷層檢查或磁振造影（MRI）檢查，並進行痰液培養，才能進一步找出可能原因。

10

從小游泳讓孩子少過敏不氣喘 是真的嗎？中醫觀點大不同

每逢換季或變天，你的身旁是不是總有一個噴嚏打不停、鼻水怎麼樣也止不住的過敏族？根據統計，從 1980 年到 2020 年，台灣的過敏及氣喘患者已經從 0.8% 增加到 30%，鼻子過敏的患者中約有 1/4 合併氣喘、異位性皮膚炎或蕁麻疹，網路上各種治療氣喘的偏方層出不窮，「游泳治療氣喘」絕對是討論度最高的話題之一。

常有人問我，氣喘兒到底可不可以游泳？我的答案始終只有一種，那就是盡量別游！聽到這樣的答覆，相信許多父母腦中都會冒出同樣的疑問，明明很多人都說從小

讓孩子去學游泳，可以增加肺活量、加強抵抗力，還能降低氣喘的機率，怎麼反而不好呢？這得從氣喘的發病成因說起。

大部分的兒童氣喘和過敏脫不了關係，氣喘族在接觸到過敏原以後，氣管會分泌大量水分與黏液，一旦呼吸道無法順利排出這些物質，就會導致細支氣管阻塞誘發氣喘，造成呼吸困難；要是氣管分泌的黏液太黏稠，患者甚至必須吸入水蒸氣以濕潤氣管，才能幫助痰液快點排出。

有些醫師認為，游泳的過程中可以讓氣喘過敏兒的身體慢慢適應冷水刺激，降低身體對「冷」的敏感程度，但在我看來，孩子若從小就有氣喘或過敏問題，代表本身免疫調節功能並不好，最忌諱「冷」所帶來的刺激。

對氣喘兒來說，炎熱溫暖的暑假理應是氣喘較不容易發作的季節，但近年每逢暑假，因氣喘發作前來就診的孩童比例明顯增加，一問之下才發現，很多家長為了加強孩子抵抗力，都為孩子安排了 2 到 3 週的游泳訓練營，卻可能因此誘發了孩子的氣喘問題。

　　一般游泳池的水溫大多低於室溫，即便主打溫水的游泳池，實際上仍然是「涼水游泳池」，在下水那一剎那，瞬間感受到的溫差仍讓人冷的吱吱叫、直打寒顫；一旦孩子進到冰冷的泳池，在水的傳導作用之下，身體原本的熱能會迅速且大量地被冷水帶走，加上游泳期間體能快速消耗，反而更容易誘發過敏與氣喘，相信曾帶孩子去游泳的家長都知道，孩子多數時間都只是泡在水裡戲水，不會一直都在游泳，不僅難以維持身體熱能，長期暴露在水蒸氣含量高的環境也是不利的因素之一。

　　更重要的是，泳池為了消毒會添加大量的漂白水，裡頭含有高濃度的氯，容易對呼吸道造成刺激，也是誘發氣喘與過敏的一大元凶，而泳池業者為了保持環境清新與衛生，避免牆壁和地面發霉，室內冷氣也是不間斷地吹送。過敏體質的孩子原本抵抗力就弱，上岸後如果無法馬上吹乾頭髮、擦乾身體，一不小心就會著涼，還沒增強到肺活量，反而先加重了氣喘。等級比較差的泳池，也都不會備有毛巾、浴巾等服務供人擦乾身體，也沒有吹風機可以吹

乾頭髮，對於過敏者都是一大考驗。

　　我建議有過敏性體質者，每天一早起床、離開溫暖的被窩後，一定要立刻穿上保暖的衣服，以免溫差過大使身體受刺激，並以溫水刷牙、洗臉。如果家長真想帶家中氣喘兒游泳，最好選在孩子身體狀況穩定、沒有感冒或過敏症狀時前往，挑個有陽光的夏日午後到戶外泳池游泳、戲水，一週最多游兩次，切勿天天游，以免體力、抵抗力變差更容易誘發氣喘，並隨時留意孩子的體力狀況。

　　實際上，運動選擇百百種，想增加肺活量不一定非得游泳不可，像是登山健行、體操、跑步、球類、跳韻律舞等運動都能增加心跳頻率並幫助身體出汗，更能增強抵抗力，改善過敏性體質，也可以在夏天使用「三伏貼」，都有助於治療過敏性氣喘、過敏性鼻炎並預防感冒。

11

控制糖尿病糖分，澱粉都不能碰？控糖重點其實是「它」

　　許多糖尿病患者都是在被診斷的那一刻起，才終於開始正視飲食問題，但不少人對糖友的飲食方式抱有嚴重迷思，最常見的就是糖尿病患者必須戒澱粉、戒糖嗎？甚至有人以為不吃糖就不會高血糖？

　　現代醫學的糖尿病在中醫稱為「消渴」，「消」代表著消耗食物（水穀）及身體越來越消瘦、體重變輕，「渴」就是一直感到口渴、一直喝水，與糖尿病「三多一少」症狀相互呼應，所謂「三多」分別是多食、多飲、多尿，「一少」則是體重減少。

罹患糖尿病到底能不能吃糖、澱粉？我們先從箇中原理說起，人們在進食之後，食物中的澱粉和蛋白質會轉變為「血糖」，也就是俗稱的「葡萄糖」，是人體細胞補充營養的重要供應來源，並不是什麼壞東西。每個人在健康的情況下都具有自動調節血糖的機制，當血糖太低時身體就會啟動相關機制，大腦通知身體「該吃飯了」，而血糖過高時則會分泌胰島素來促進細胞對血糖的吸收，進而降低血糖。

糖尿病患者由於胰島素分泌不足，體內組織細胞無法消耗運用血糖，導致細胞處於飢餓狀態，但血液中糖分又消耗不掉，導致血糖過高。一般來說，正常人體腎絲球每天會過濾出葡萄糖，這些葡萄糖會在近端腎小管被吸收，回到血液循環，而腎小管對葡萄糖的吸收是有極限的，我們稱這個極限值為「葡萄糖腎閾值」，正常成年人的葡萄糖腎閾值為 180~200 mg/dL，只要超過這個閾值，糖分就會隨尿液排出體外形成「糖尿」，這些血管中的糖分長期過高也會破壞細胞膜，導致心血管疾病、視網膜病變等

問題，進一步引發脂肪、蛋白質、水分等代謝不良之併發症，這種情形就如同塑膠或橡膠長時間泡在機油當中，導致結構變質變形而崩壞一樣。

因此，對糖尿病患者而言，「如何控制血糖」是生病後要學習的最大功課，根據我的觀察，血糖失控經常發生在 Buffet 吃到飽之後，許多人一踏進五星級飯店的自助餐廳，拚搏一圈後就會掉入「肚子是飽的，但眼睛是餓的」美食陷阱，因此我常告訴病人，這種暴飲暴食的不良習慣才是控制糖尿病的最大盲點，只要突然大量進食，體內血糖就會飆升，所以和平時戒糖、戒澱粉並沒有太直接的關聯。

因為糖及澱粉是我們身體所需營養及熱量的來源，所以吃糖、吃澱粉當然會造成短期間血糖上升，但要治療糖尿病也不是一味地降糖就能解決，更應該解決的是糖分吸收這個根本的問題。中醫治療時會藉由調理脾胃，讓消化系統機能恢復正常，讓血液中的葡萄糖可以再次被人體吸收利用，達到降低血糖的目的。

　　糖尿病患者除了切勿暴飲暴食，平時也不能忽略養生之道，少吃油膩、辛辣食物、少飲酒，同時在接受治療前提下透過簡單的食療，都能對病情控制有所幫助。

　　食療上多吃大豆和薏苡仁或將薏苡仁和淮山以 3：2 比例混合後磨粉，每餐進食前用水沖泡一大匙飲用；也可以野生番石榴開花所結未成熟的果實，將約拇指大、翠綠色的果實塞入雞腹中燉煮食用；另外，可取新鮮竹葉心加上葫蘆瓜熬煮後當茶喝，或以蓮子、淮山藥、白茯苓、薏仁、綠豆熬湯服用。除此之外，芭樂、山苦瓜、苦瓜都是有益糖尿病友的好食物，建議可多攝取。

　　科學研究也發現，大約有 60% 至 80％的糖尿患者都有肥胖問題，肥胖也是誘發糖尿病的主要原因之一，因此在體重控制方面同樣重要，只要持之以恆地學習調配飲食、維持適當體重，相信人人都有機會與糖尿病和平共處，要是這也不能吃、那也不能吃，人生豈不是太沒樂趣了嗎？

　　至於病情比較嚴重的民眾，如果服用中藥或西藥都無

效，一定要遵照醫師指示直接注射胰島素控制，以免血糖控制不好而產生可怕的併發症，最後走上洗腎、心肌梗塞及視網膜損壞的嚴重後果。

12

痛風有飲食禁忌嗎？發作時可以熱敷嗎？

　　半夜睡得正香，手腳一陣劇痛讓人睡意全失，相信這是所有痛風患者最畏懼的惡夢，痛到彷彿連徐徐微風吹來都痛如刀割。為了減緩痛風發作的機率，許多患者紛紛上網求助，網路上也充斥各類預防痛風的飲食禁忌及發作時的緩解方法，甚至有傳聞稱痛風發作時千萬別吃粥，否則恐怕讓症狀更嚴重；也可以熱敷加速關節內痛風結晶溶解排出，究竟痛風是什麼？又有哪些飲食禁忌或緩解的方式呢？

　　就中醫觀點來看，痛風是所謂「痹症」的一種，其中

的「痺」則是閉阻的意思，意指痛風是種由經絡閉阻、氣血不通所造成的疾病，主要由於風、寒、濕、熱外邪侵襲等外在因素引起，使原本體內就會製造的尿酸鹽產量過多，一旦體內水分太少就容易在腳底這類末梢、循環慢的部位產生結晶引發組織發炎反應；至於現代醫學則將痛風歸因於人體尿酸代謝異常的疾病，由於血液中的尿酸無法排出體外，當濃度過高時就會形成尿酸結晶，淤積在關節、腎臟、心臟等部位，引發關節紅、腫、熱痛等發炎症狀，嚴重甚至可能形成痛風石，大到像是雞蛋都有可能，要是長在腳上，很可能連走路都成為一種折磨；也常看到久病的患者在手背上或關節上形成痛風石，導致雙手變形，嚴重者甚至難以握拳或併指。

　　痛風好發於 45 歲左右的中年族群，其中男性多於女性，尤其愛吃肉、吃動物內臟及愛飲酒的人風險更高，倒是少見於 30 歲以下的年輕族群身上，春天與秋天這兩個季節是痛風發病高峰，尤其大魚大肉的春節過後，更是痛風的「旺季」。初次發作以腳拇指、手腕、手肘等關節部

位較常見，疼痛的部位通常會由下而上，先是足部接著往上蔓延至手部。

發病時，患部會出現關節腫大、痠痛、不容易彎曲、灼熱感等不適症狀，而且疼痛會隨著時間增加而加劇，每次發作大約要痛個 1 到 2 週，疼痛才會慢慢減輕並消失，要是沒有好好治療，疼痛的頻率會愈來愈密集，久而久之還可能形成結晶沉積成「痛風石」，不容易消退。

坊間之所以會有痛風發作期間不可吃粥的傳聞，其實和台灣的烹調習慣大有關係。台灣人習慣以肉類、海鮮及動物內臟燉煮高湯再熬成粥，藉此增添粥品的風味，這樣熬煮出來的湯頭雖然鮮美，卻富含高濃度的「普林」容易讓痛風更加惡化。由此可知，高普林的食物才是痛風發作主因，建議少吃含有肉類、海鮮等高普林的粥品，但清粥因富含大量的水分，反而有利身體利水機制，促進水分代謝，可以溶解和代謝尿酸，故建議痛風患者可以多食用清粥並多補充水分，有助減緩症狀，將體內堆積的尿酸排出體外。

在古代粗茶淡飯的年代，一年能吃幾次肉就要偷笑了，只有富裕人家才有本錢天天吃大魚大肉，因此過去痛風又被稱為「帝王病」。到了現代，人們生活條件改善，飲食上也經常暴飲暴食，痛風患者自然是愈來愈多。

說到這裡，很多人可能以為只有吃肉類、海鮮及內臟才會面臨高普林的問題，吃素是不是就不用擔心痛風？要是這麼想，可就大錯特錯了！原來素食中也有許多富含高普林的食物，譬如豌豆、黃豆、香菇、銀耳、竹筍……等，所以我常常提醒患有痛風、有吃素習慣的患者，在享用這些美食前都務必謹慎控制。

避免痛風上身，除了減少攝取高普林的食物，加速血液中的尿酸代謝也是方法之一。根據臨床觀察，平時尿酸偏高的人不但是痛風的高風險族群，發生尿路結石、輸尿管結石及膀胱結石的風險更是常人的 1000 倍之高，建議平時應多喝水來稀釋血中的尿酸，減少發作風險。

此外，網路上也有痛風發作時應該熱敷，以加速關節內痛風結晶溶解排出的說法，實際上正確的作法應該是要

冰敷患處才對。因為低溫冰敷有利減輕局部疼痛，減少發炎程度，關節炎好的速度會更快；而熱敷時過熱的溫度反而會使得發炎加重，導致患處更加疼痛。

　　痛風患者平時就該注重飲食與養生，特別提醒急性發作時可利用冰敷來舒緩，在局部熱敷、推拿無疑是提油救火，讓發炎更加嚴重；也可每天在患部外敷如意金黃散，並服用當歸拈痛湯、上中下通用痛風丸等，並透過運動、按摩痛點及中藥口服加強清熱、去濕、通絡慢慢調養，搭配三妙散或越婢湯、白虎湯、桂枝芍藥知母湯調理，都可達到袪風散寒、除濕通絡的效果。

13

新冠肺炎康復後咳不停？喝補湯當心愈補愈糟

　　全世界新冠肺炎（COVID-19）疫情延燒將近 3 年之久，台灣人更是每 2 個人至少就有 1 人曾經確診過。相信許多人康復之後，多多少少都經歷過咳嗽咳不停、容易喘等長新冠後遺症，有的人選擇到中西醫尋求醫師協助，但更多的是聽信親友建議，靠補湯或民間偏方自行調養，卻因為對新冠病毒認知不夠或是不理解箇中道理，反而愈補愈大洞！

　　前陣子就有一位大學校長介紹朋友到我的診所看診，這位患者在新冠肺炎康復之後一直咳不停，嚴重影響到生

活品質。一問之下才發現，他自從快篩陰性、解除隔離以後，經常感到疲倦、沒精神，認為是染病傷了元氣，便自行燉湯藥進補，但喝了好一陣子都不見好轉，搞了半天，原來這補湯才是讓症狀遲遲好不了的最大元凶。

國際上最權威的醫療期刊《自然》（Natural）曾經發表一篇文章說明新冠肺炎以及後遺症的生成原理，當一顆新冠病毒接觸到人類的咽喉、呼吸道，就會開始複製成無數顆新的病毒，這時體內病毒量大增便會開始干擾心臟、血管等各個系統，快篩也會呈現陽性，進入為期 4 週的「急性期」。

4 週過後由於體內病毒量遞減，傳染力大幅降低，這時已經不太容易傳染給他人，但身體依舊處於發炎的狀態，病毒持續侵襲著身體細胞、造成傷害，而急性感染引起的免疫系統失調、發炎性損傷以及重症相關後遺症，都可能影響日常身體活動功能。

人體的器官就好比「俄烏戰爭」當中的烏克蘭，明明俄羅斯才是入侵的一方，但因戰場在烏克蘭，被戰爭

摧殘得滿目瘡痍的也是烏克蘭，可能使我們的呼吸、血液、心血管、神經精神、腎臟、皮膚等系統出現新的、復發的或持續性的症狀或失能，必須讓身體慢慢修復與重建。

根據我在門診中的觀察，染疫康復者在這段期間最常出現的症狀除了咳嗽、容易喘以外，還包括身體倦怠、腦袋昏沉，另外也可能出現腦霧、血管阻塞、慢性腎病症候群、掉髮、心肌梗塞、心肌炎等遍布全身 10 大系統的症狀。

適逢身體發炎之際，「燥熱」的食物自然得少碰才是，燥熱的食物會更加引起身體的發炎反應，除了要少吃堅果類以及薯條、炸雞這類油炸食物外，也要少吃麻辣鍋等辛辣的食物，像是加了大量麻油或蔥薑蒜的料理如麻油雞、三杯雞等，也都會讓身體過於燥熱，可能加重發炎反應，使症狀更加惡化。

同樣的道理，補湯既然是「補」，也就是屬於相對燥熱的食物，比方說雞精、人蔘雞、粉光蔘、當歸鴨、枸

杞、紅棗、龍眼、堅果類等，都會延長發炎反應，形同把病毒留在體內排不出去，建議染疫康復後的 1 個月以內都先別進補，禁止食用上述品項，同時尋求中醫師調配清熱解毒的食物才能加速殺死病毒。

到了確診後的第 3 個月，上述症狀應該已經有所緩解，但可能有部分症狀會持續，便是進入 COVID-19 長期影響（Post COVID-19 condition）也就是俗稱的長新冠症狀的階段。世界衛生組織（WHO）統計，長新冠發生率約為 10% 至 20%，也就是每 10 人確診就有 1 到 2 人會有長新冠的症狀，且症狀可能持續長達 2 個月，因為低病毒量維持長期間的刺激，而無法用過去的病史來診斷解釋，此時不妨尋求中醫協助。

順帶一提，說起咳嗽，很多人可能也聽老一輩提過，吃鐵牛運功散可治咳嗽、清喉嚨，是有效的民間偏方，我在這裡順帶替大家解惑。傳統中藥「鐵牛運功散」是一種活血化淤的藥物，對於去除內傷相當有效，經常用於當兵時的外傷撞擊、運動操練造成的運動傷害，對於因胸部疼

痛引起代償性呼吸困難，造成大口喘氣或嘆息等類似呼吸道不適症狀也有效，但要是咳嗽遲遲好不了，那是因為呼吸道發炎引起，吃鐵牛運功散可是沒有效的喔！

14

真的不解為什麼常生病是「體質」害的？疾病的發生有 65% 是遺傳

　　相信不少曾到中醫診所求診的民眾，在中醫師把脈後都聽過「你的體質和別人不一樣」這句話。無論是住在同一個屋簷下的室友，還是一起上班上學的同事和同學，明明生活環境都差不多，為什麼總有幾個人三不五時就掛病號？難道疾病真的和體質遺傳有關嗎？

　　就中醫觀點來看，每個人的體質主要由「先天」及「後天」兩大要素所組成，先天是最初源自於父母的遺

傳，後天則是依每個人不同的飲食及生活形態，最後「培養」得出的不同體質變化。很多人不知道的是，疾病的發生有 65% 與體質遺傳相關。

我經常和病人說，人體不是由工廠生產、自然也不是良率一致的工業產品，即使是同父同母的兄弟姊妹，各人的體質狀況也不會一樣，因為「遺傳」這個神奇的機制會讓每個人的先天體質都大不相同，這也是我常說的「生命多樣性」。體質不好、較虛的人，就容易被有害人體的病邪侵入，需要靠補養「氣血」與「臟腑」來增加免疫力，常見的過敏性體質就是最典型的案例，所以靠保養身體來維護自身健康非常重要。

根據統計，全台灣人口當中大約 5 成的人有過敏性體質，絕大多數都遺傳自父母，父母當中只要有其中一方是過敏性體質，小孩約有 50% 機率也有過敏；若父母雙方都是過敏性體質，小孩也是過敏兒的機會幾乎可高達100%。

說到過敏性體質，不外乎就是早上起床不斷流鼻水、

打噴嚏，到了中午症狀才會稍稍緩解，夜裡天涼鼻塞問題再次報到，就連睡覺都只能靠嘴巴呼吸，這些就是過敏性體質族群的生活日常，也是最常見的過敏性鼻炎症狀。除了過敏性鼻炎，過敏性氣喘以及異位性皮膚炎也都是過敏性體質表現症狀之一。

　　過敏性體質族群因為肺、脾、腎「三臟腑」的功能失調，不耐溫差而且體內水液代謝調節差，每當氣溫冷熱交替、雨季環境潮濕或有塵蟎、花粉等過敏原，都會誘發程度不等的過敏，症狀也因人而異。

　　體質既然是與生俱來、無法改變的，我們究竟該如何和過敏性體質和平共處呢？適逢過敏症狀發作的當下，穩定症狀絕對是當務之急，務必等到過敏症狀緩解、身體情況穩定，再來著手改善體質。既然會過敏，就代表生活中一定有接觸到誘發過敏的過敏原，過敏原可能是溫差、可能是空氣污染物質，也可能是生冷食物，釐清可能過敏原並遠離過敏原，是每一位過敏兒的必修課。

　　天冷時外出或騎乘機車、腳踏車時，即使 COVID-19

疫情已趨緩，最好還是戴上口罩保持口鼻溫暖，並做足該做的保暖工作，降低冷空氣對皮膚及呼吸道的刺激。

　　在日常養生調理方面，藥膳飲食調養、針灸、拔罐輔助都是能夠增強抵抗力的好方法，飲食上少碰冰冷或寒涼性質的食物，像是冷飲、水梨、西瓜、番茄、椰子、香瓜、橘子、哈蜜瓜、大白菜、白蘿蔔等；另外，酒類因刺激性強，也應該避免飲用。

15

拉單槓可治療腰椎間盤突出？小心拉出五十肩

「你常腰痛喔！去拉拉單槓就能緩解」、「拉單槓可以改善椎間盤突出」，現代人工作忙碌，一早上班才剛剛打卡，坐下之後就有堆積如山的工作卷宗送上門，姿勢不良和腰痠背痛的感覺，相信久坐族一定都不陌生！因此，拉單槓可以治療腰痛、椎間盤突出的傳聞，在辦公室之間可謂歷久不衰。

「腰椎間盤突出症」是現代上班族都該認識的重要疾病，好發於 20 至 40 歲族群之間，尤其是從事勞動力工作的青壯年男性，在小孩與老人家身上反而不常見。多數人

在發生腰部急性外傷、慢性疲勞性損傷或受風寒濕邪侵襲後，漸漸出現腰腿痛症狀，久而久之才驚覺腰椎間盤突出已悄悄上身。

椎間盤是連結脊椎上、下椎體的纖維軟骨結構，也是負荷最重、活動度最大的部位，人在年過 30 歲以後，腰椎外層堅韌的纖維環彈性會變差，一但使用過度、磨損嚴重就會增加患病風險，和一般筋骨退化的成因不同，經常容易搞混。

根據我在門診中的觀察，因為腰腿痛前來求診的患者當中，腰椎間盤突出症就占了將近 15％，多是因為搬重物閃到腰或意外事故所導致。「外傷」是最容易誘發腰椎間盤突出症的重要主因，一旦出現腰部急性損傷或慢性疲勞性損傷，腰椎纖維環就容易撕裂，使得原本被牢牢包裹在裡頭的髓核突出，進而導致疼痛症狀。

不過，門診中仍然有一部分患者，過去從沒發生過急性或慢性外傷。根據醫界研判，這些病人很可能是腰椎間盤先天結構上就有缺陷，再加上風寒濕邪造成肌肉痙攣和

小血管收縮，只要血液循環不良，椎間盤就無法獲得充足營養，導致突出的問題發生。

腰椎間盤突出症的症狀相當折磨人，患者發病之初會先出現腰痛症狀，接著逐漸變成下肢放射性疼痛，很多時候也會從患側臀部沿著坐骨神經，一路痛到小腿外側，只有臥床休息才能減輕疼痛。為了避免腰椎間盤突出物壓迫到神經，患者也會為了減輕疼痛而改變脊柱姿勢，漸漸使得脊柱活動度更加受限，如果一再拖延不改善，神經根在受到嚴重擠壓的情況下，可能出現感覺遲鈍、感覺消失，嚴重一點甚至會出現下肢癱瘓的嚴重後果，務必儘早就醫治療。

至於拉單槓究竟能不能改善椎間盤突出，我認為拉單槓主要運用的是肩關節的力量來支撐全身重量，而不是以腰部的力量來拉開腰部關節，不但對於腰椎間盤突出效果不大，還可能造成肩關節受傷，罹患五十肩、肩夾擠症候群等肩關節疼痛疾病，反而得不償失。

想知道自己有沒有腰椎間盤突出的問題，有個非常簡

單的方法，名為「直腿抬高試驗」。首先躺在床上並將雙腿伸直，接著筆直抬高雙腿，這時候脊神經根會隨著腿部動作而移動，如果出現腰椎疼痛、有延伸至下肢的痠麻感，就代表突出物壓迫到神經根，很可能就是腰椎間盤突出警訊，務必儘快就醫由醫師診斷。

萬一真的診斷出腰椎間盤突出，急性發作期應該臥床休息，避免過度活動，護腰帶或背架是腰椎間盤突出初期必備的輔具；至於非急性發作期的病人則可以中藥薰洗蒸療，或是搭配推拿按摩整復，舒筋活絡、改善局部氣血循環，進一步消除肌肉痙攣、緩解患部黏連發炎，讓破損的纖維環能盡快恢復正常，加速減緩不適症狀。

關於女性生理期、
坐月子

Medical **K**nowledge

16

月經後服用生化湯，可能是誤用！揭開中將湯、生化湯、四物湯神祕面紗

　　每個人一生中都會經歷許多階段性變化，從兒童、青少年一路邁向中年、壯年與老年，每個階段的生理機能和體質都有所不同，若能按個人體質搭配適合的湯藥調理，對於健康將大有助益，這也就是傳統中醫的優勢！

　　懷孕生子是上天賦予女性的天職，因此女性在生理上的階段性變化自然也比男性更多一些。女性從 10 歲發育進入生理期，12 歲開始月經週期從不規則變得規則，到

了 20 歲至 30 歲逐漸成熟開始懷孕生子，產後也得好好坐月子調養，才能讓身體再次恢復到最佳狀態。

隨著荷爾蒙的起伏，每個階段的女性不適症狀大不相同，須仰賴中藥調理。然而進補湯藥百百種，究竟怎麼進補才正確？坊間常見的「中將湯」、「生化湯」、「四物湯」怎麼喝？經常令許多女性感到霧煞煞。實際上，光是這 3 種常見的湯藥就能衍生出數十種變化，而且並非女性專利，只要症狀和體質適合，男性朋友也能喝。

相信多數女性都對「中將湯」不陌生，相傳中將湯是日本奈良時代一位「中將公主」匯集畢生經驗所提出的補方，為了紀念才將其命名為中將湯。中將湯的成分包括：當歸、川芎、芍藥、桃仁、黃蓮、乾薑等約 16 種活血化瘀的藥材，適合女性月經前服用，可以降低經期期間經痛的發生並緩解疼痛症狀，但應特別注意在月經期間不要服用，因為當中的川芎成分具有促進血管收縮的作用，如果原本經血量就少又喝中將湯，可能導致月經中斷、經血排不乾淨。要知道中將湯不是補品，有上述症狀再來飲用才

最為恰當。

　　說起中國數千年來不退流行的產後藥補方，就不得不提及「生化湯」了。生化湯以當歸、川芎、桃仁、黑薑及炙甘草等成分為主，「生化」顧名思義就是「生」新血、「化」舊瘀，既能活血、養血又能化瘀，還能調節子宮收縮功能，過去主要用於調理女性生產後「惡露不止」問題，有助於子宮復舊、減少宮縮腹痛，同時預防產後傷口感染。

　　一般來說，我建議女性可在產後第 2-3 天開始服用，每天一帖，自然產連服 10 帖、剖腹產在排氣後連服 7 帖。很多中藥行建議產婦應連續服用 30 帖才得宜，這觀念其實是錯誤的，服用過長時間反而會造成惡露不盡、耗傷產婦陰血。除此之外，生化湯也不是所有產婦都適合，像是有凝血功能障礙、產後大出血或傷口感染的產婦切勿使用，如果出現發熱或感染的情況也須暫停服用生化湯，服用前別忘先諮詢中醫師，才能依照個人體質或特殊症狀調配最適合的藥方。

　　正因生化湯具有活血化瘀的作用，平時也經常用來治療內傷瘀血、舊傷不癒和運動傷害，女性月經過後也可以服用，而冬天容易手腳冰冷的民眾也適合透過生化湯來做調理，男女都適合，但體質燥熱或是容易冒痘痘的民眾則應注意適量飲用，否則可能導致症狀更為惡化！

　　至於大名鼎鼎的「四物湯」可謂是相當萬用的湯藥，凡是治療血虛、貧血、月經失血過多等和「血」有關的病症，幾乎都離不開它。相傳四物湯最早源於中國明朝時期，以熟地、當歸、白芍、川芎等 4 種基礎藥材，具有養血疏肝、補血調血的作用，不但是女性調經的基本方，也是中醫補血的常用方，無論男女性貧血均能使用。

　　很多人不知道，男性常見的掉髮問題也可以透過四物湯來調理，從中醫角度來看，血液供應的養分不足是常見的掉髮主因之一，因此可藉著飲用養血補血的四物湯來補充血液中的養分、促進毛髮生長；但若是屬於雄性禿的一群，因為雄性禿是頭皮毛囊受男性荷爾蒙刺激所致，造成雄性禿的元凶 DHT（二氫睪固酮）本身就會使毛囊萎縮，

故這種情形再怎麼喝四物湯補充養分，都是沒有效果的。

　　四物湯除了男女通用外，許多人們耳熟能詳的湯藥也都是奠基在「四物」之上。舉例來說：四物湯加上人參、白朮、甘草、茯苓後即成「八珍湯」，具有補血補氣的功效，可以治療面色蒼白、氣短懶言、頭暈目眩、胃潰瘍、胃下垂、神經衰弱等症狀；再加上肉桂和黃耆就成了家喻戶曉的「十全大補湯」，同時也是補益氣血的良方，主要改善虛勞咳嗽、雙膝無力、食慾不振、男性遺精、女性崩漏等症狀。

　　而中醫傷科方面最常用的湯藥「桃紅四物湯」，便是以四物湯加上桃仁、紅花等藥材，對於胸肋挫傷、運動傷害都有很好的療效。喝了八珍湯、十全大補湯或桃紅四物湯，同時不也是服用了四物湯嗎？

　　不過呀！湯藥畢竟也是一帖「藥」，同樣一副藥帖也應由中醫師針對個人體質調整或增減藥方，尤其是體質較燥熱、腸胃不好或火氣大的人得斟酌當歸用量，必要時搭配涼補的藥材，否則「補過頭」就得不償失了！

17

婦科聖藥「四物湯」不是有喝就好，飲用時機藏學問！

　　中醫是老祖宗的智慧結晶，被譽為「婦科聖藥」的四物湯在中醫臨床應用中更是有著長達數千年的歷史，是由熟地、當歸、白芍、川芎這 4 種中藥材精華組成的溫補行血劑，普遍用於調理婦女月經不調、痛經、血虛等問題，甚至連骨傷科疾病都能治，應用範圍相當廣泛。

　　只不過四物湯究竟該怎麼喝、何時喝，是不是喝得愈多就愈好呢？這當中可是暗藏著大學問！我們常聽到隔壁張媽媽說要經前喝，樓下李太太叮嚀要月經後再喝，但朋友又說月經期間喝才是最有效的，其實這些說法都沒錯，

箇中關鍵就在於「體質」和「症狀」。

　　在這之前，我們先來談談四物湯的 3 大功效，不少女性月經來潮期間常因腹痛、腹脹無法正常工作，這時四物湯就能夠促進活血化瘀、排除血塊，達到「調經止痛、養血疏筋」的效果，若從年輕就養成服用習慣，也能幫助氣血通順，讓手腳不容易冰冷、氣色紅潤，達到「滋潤肌膚、防止老化」效果，同時也能解決因失血量大造成的「血虛」問題。

　　四物湯雖然是由 4 種藥材組成，但中藥材畢竟源於植物，即便是同一種藥材也藏有細微的品種差異，再加上不同的炮製方式就能讓藥性大大不同，絕不是有喝有保庇，而是要按照生理期狀態或使用目的來微調，更能對症下藥。

　　我在這邊舉幾個簡單的例子，像是四物湯的「當歸」雖可補血，但原本體質燥熱、腸胃不好的族群並不適合，而對於需要補血者可使用當歸頭、需要活血化瘀者則選用當歸腳片；「芍藥」具有良好止痛效果，能養血調經，但若是經期不規律，建議可以服用白芍調經，效果較佳；

但若是經期期間，經痛症狀嚴重、血塊偏多、或是經血偏暗，則應選用赤芍來活血化瘀。有助補血的「熟地」若用在火氣大的族群身上可能火上澆油，吃了容易流鼻血，這時最好改為性涼的生地。

除此之外，很多中藥房也會以四物為基底，增加玉竹（葳蕤）、知母、桂枝、杜仲等多種藥材成為加味四物湯，這當中的玉竹、知母可緩解口乾舌燥症狀，杜仲及桂枝則可舒緩腰痠背痛的問題。

大部分的民眾都以為四物湯要在生理期後才開始飲用，其實只對了一半。每位女性依照症狀不同，又分別選在「月經前」、「月經第 1 天」和「月經第 4-5 天」這 3 個時機點飲用，每次飲用 5 天到 7 天左右。

◎月經前飲用：適合經前症候群的女性朋友。

對於容易出現經前症候群或月經期間容易經痛的女性，我都會建議在月經報到前的 4 天至 5 天就開始飲用四物湯，讓當歸和川芎促進體內行氣、活血、養血

等作用，可以讓月經期間較為平順，減緩腰痠、下腹痛、經痛的症狀，平時也能配合腹部熱敷來舒緩經痛。

◎月經第 1 天飲用：適合月經不規律的女性朋友。

女性之所以有月經週期亂、月經不調的問題，大多是因為體內「優勢卵泡」形成較不規律，因此建議在月經來潮第 1 天就開始使用四物湯，幫助下個月的月經在正常時間報到。

「優勢卵泡」和女性月經週期有著密不可分的關係，女性兩邊的卵巢如同一個班級，每逢開學初期都會選出一位「班長」來管理班級秩序，而女性卵巢則會在每個月前 5 天，從兩邊的卵子中選出一顆優勢卵泡，並抑制其他卵子成長。優勢卵泡生成 10 天後就會漸漸成熟、破裂、釋出黃體素並為身體及子宮創造出一個適合受精卵著床的環境，當未能成功受孕之時，子宮內膜就會剝離，成為下個月的月經。因此，月經第 1 天飲用四物湯，就像替下個月的優勢卵泡按下生

產的按鈕，促使它加速形成，讓月經在下個月定期報
到，達到調整經期的目的。

◎月經第 4-5 天飲用：經血量過大、易貧血的女性朋友。

如果妳是經血量大或是容易貧血、氣虛的女性，非常
建議在月經進入第 4 到 5 天時開始飲用四物湯，補充
先前身體流失的血液與養分，滋補效果相當不錯，同
時也要多吃含有鐵質的食物如黑豆、葡萄乾等，來強
化身體的造血機能。

四物湯看似好處多多，但也別忘了凡事有利必有弊，
特別有 4 大族群在飲用前應先諮詢中醫師，像是經血顏色
過於鮮紅、血塊多或生理期異常提前的女性，屬於燥熱
及上火體質的女性，感冒未癒、眼睛充血等身體正在發炎
的女性，以及更年期出現發熱、流汗不止等腎虛症狀的女
性，都應先解決原有症狀再飲用四物湯，避免症狀加重。

18

懷孕、坐月子真的不能洗頭？
江湖禁忌一次解答

　　不少女性第一次懷孕，才剛體會到即將成為新手媽媽的喜悅，隨之而來的便是各種「江湖禁忌」，懷孕期間不能吃這個、坐月子不能做那個，各式各樣的禁忌簡直能列出一份落落長的清單，最令許多女性朋友困擾的想必就是「洗頭」這件事了，究竟「洗頭禁令」從何而起，真的會對腹中寶寶或產後媽咪造成哪些嚴重的影響嗎？今天就來話說從頭，替大家一一破解迷思。

　　早年台灣人居住環境普遍不好，加上醫療技術還比較落後，一個小感冒都可能拖著拖著就成了要命的重病。還

　　記得我小時候因為家境不好，全家人住在一個出租的小房子裡，要和其他 3、4 個家庭共用一間浴室，而這間所謂的「浴室」，其實只是在後院用四片鐵皮搭起來的天井，洗澡的過程中時不時會竄入冷冰冰的寒風，每逢中秋節還能邊洗澡邊欣賞月亮呢！

　　在那個沒有吹風機的年代，不但洗澡前要先燒熱水，洗到一半還可能變成冷水，因此大家洗完澡只能趕緊將頭髮擦乾，不然一不小心吹到冷風，就容易引起「頭風」導致感冒，而女性生產過後身體本就虛弱，因此在當時的時空背景之下，老一輩提出不要洗澡的建議，思量其前因後果，可謂是其來有自、有所依據的。

　　隨時代演進，人們的生活條件已大幅提升，家家戶戶幾乎都有獨立、避風且設備完善的衛浴空間，有穩定供應的熱水，也有暖氣、暖爐、吹風機等可以溫暖人體及吹乾頭髮的科技設備，和早年的環境已大不相同，所以產後坐月子期間到底可不可以洗頭？答案當然是「可以的！」

　　台灣氣候普遍溫暖，夏季更是酷暑炎熱，油性髮質的

媽媽們若真聽長輩所言 1 個月都不洗頭，不但不衛生，嚴重還可能會導致頭皮發炎，建議產後一週左右只要體力許可，就可以恢復正常洗頭沐浴，但切記洗完澡還是要趕緊把頭髮吹乾，也要避免吹到冷風，或在房間裡準備暖爐或暖氣，時刻注意身體保暖，否則還是有可能會感冒的哦！個性謹慎的媽媽們不妨在坐月子期間花點小錢，到美容院請專人幫忙洗頭、吹乾，還能整理美美的髮型，也不失為一個不錯的選擇。

我們雖然破解了坐月子不能洗頭的迷思，但坐月子期間不能吹風反倒是很多人容易忽略的問題。中醫非常重視坐月子時不能吹風，因為媽媽們產後卸下肚子裡那甜蜜的負擔，體內荷爾蒙驟降、身上又有生產的傷口，產後很容易出現氣血虛弱、筋骨鬆弛等症狀，因此產後坐月子千萬記得不可「直吹」冷氣、電風扇、自然風，這些都算是六邪中的「風邪」，也不要因天熱而洗冷水澡。

要是坐月子遇上悶熱的夏天，該怎麼辦呢？這時不妨將風源對反方向吹，讓風打在牆壁反彈回來，使室內空氣

流通，冷氣也必須向著無人的地方吹，再感受涼意即可，同時最好穿著寬鬆輕薄的長袖衣物，避免出入冷氣房、汽車內外時，因溫差而感冒；若是外出就一定要穿上長袖衣服、襪子、戴上帽子，儘量將全身包裹著，以免出門吹風感冒。

　　除了坐月子，那懷孕時期的孕婦究竟能不能洗頭呢？實際上，懷孕期間不但要洗頭，而且還比平時更需要洗頭，因為懷孕期間身體受到荷爾蒙影響，頭皮會還比平時更容易出油，但無論產前、產後都別忘了洗完後儘快吹乾，以免著涼囉！

19

坐月子只能喝米酒水？新手媽咪觀念要改改

　　傳承 2000 多年的坐月子儀式，有諸多禁忌必須遵從，坊間也有人倡導產婦在坐月子期間必須「滴水不進、粒鹽不沾」，也不可以吃稀飯、牛奶、果汁等，不然將來會患風濕病或神經痛，還會使內臟下垂，令不少新手媽媽聽得心驚驚又備感壓力。

　　這些古早的禁忌大多是基於對產婦的「隔離保護」措施，目的都是要避免產婦感染，讓產婦好好休養，恢復體能與健康，但隨時代演進，很多已經不合時宜或是被科學實證所推翻，對產婦真正有幫助的習俗才是我們應該要學

習的。

　　台灣民間俗語說「生得過雞酒香、生不過四塊板」，如果生產時沒有難產、產後沒有感染產褥熱，才能迎來香噴噴的麻油雞等補品坐月子，這也和女性生產時就如同從鬼門關前走一遭的說法相互呼應。女性生產的過程中，由於產道裂開，身體虛弱又帶有傷口，一不小心接觸到任何細菌、病菌都可能造成傷口感染，引發嚴重且致命的「產褥熱」，也就是現代人所說的「產後感染」。

　　因為在過去生活條件較差的年代，人們日常用水不外乎是井水和河水，裡頭微生物多，也沒有完善的過濾、消毒措施，產婦接觸到這樣的水，自然有極高的風險感染疾病，便衍生出許許多多和「水」相關的日常禁忌，平時的飲用水、身體接觸的洗澡水通通都得燒開後才能使用，但偏偏又容易燒不開或被其他物質污染，因而逐漸演變為不能洗澡、禁止喝水這類的禁忌了。所幸，現今人們的生活條件大幅改善，產婦都能在良好的環境坐月子，不用再擔心飲用水殘留細菌的問題，也有完善過濾的自來水可供洗

澡，產褥熱的問題已少之又少，正常的飲水也不成問題。

　　然而，以醫學角度回過頭來看這種遵循傳統古法的坐月子方式，雖然不合時宜，但也可從中一窺古人的智慧。要知道產婦在生產的過程中會喪失大量血液、汗水、唾液，產後又容易流汗，身體早已因水分大量流失而面臨缺水的情形，要是再不喝水可能使體內電解質不平衡，出現脫水現象。既然產婦坐月子期間不能喝水，那口渴、要餵奶了該怎麼辦呢？於是聰明的古人想到了「米酒水」這個解決辦法！米酒水其實就是「米酒加熱至沸騰、將酒精蒸發後，只剩一點點酒精的水」，相比之下，紅標米酒的酒精濃度約 20%、米酒頭高達 40%，米酒水的酒精濃度僅約 0.5% 左右，在當時算是一種較為安全的補水方式，久而久之便形塑出喝米酒水的民俗習慣。

　　現今社會仍有不少產婦遵循傳統，在坐月子期間使用米酒水，在這邊要提醒的是，即便米酒水能解一時之渴，卻可能愈喝愈渴或是愈喝愈上火，我建議產婦口渴時除

了適時補充水分，也可以喝一些比較清淡、滋潤的湯品，如：銀耳湯、山藥湯等，也可以將水果切塊後煮成水果茶，水果選擇上可挑選性溫熱的龍眼、葡萄或櫻桃等。

同時也要提醒親餵的媽媽們吃了含有酒精的料理後，也別忘了間隔數小時，等到酒精代謝掉再哺餵寶寶，以免酒精影響寶寶腦神經發育，有 B 肝帶原等肝臟疾病的產婦，也不建議食用含酒料理！

坐好月子對產婦而言是很重要的觀念，很多親友也會帶來藥膳、補品、雞精等，替產婦補補身，但很多人經常忽略，很多補品多多少少都含有中藥成分，務必謹慎再謹慎！

此外，也有不少孕婦因為無意間同時服用中藥與西藥，而衍生出交互作用，最常見的例子就是產後服用生化湯，又吃了西醫開立的子宮收縮藥物，這 2 種藥物都具有促進子宮收縮、幫助惡露排出的作用，同時服用反而會使惡露不減反增且顏色鮮紅。我曾聽聞有不少產婦在併用生化湯與子宮收縮劑後，發生子宮收縮不良、傷口瘀腫疼

痛、高血壓等諸多不良情形；甚至有身體較虛弱的產婦，因承受不了中西藥的加乘效果，致使子宮強烈收縮而體力耗損、下腹劇烈疼痛，造成產後大出血等嚴重情形。

第 **4** 章

破解長高迷思

長高湯等長喉結、長胸部才吃？

Medical **K**nowledge

20

中醫轉骨導致性早熟？把握一生兩次黃金成長期

　　孩子的身高影響著往後的人生，父母們無不使出渾身解數，想方設法讓孩子能多長高 1 公分是 1 公分。看準希望孩子高人一等的心態，電視廣告一堆速效的長高機、增高鈣、增高噴劑、增高貼片……等五花八門的長高商品，花了大把鈔票卻又不知道有沒有效，甚至還有人號稱可以靠施打生長激素來增高。

　　不過，要是在西醫領域提起「中醫轉骨」，時常會聽到「吃中藥轉骨會促進性早熟」，令家長心慌慌，無所適從。今天我們就從孩子成長的原理與時機談起，破解父母

心中根深蒂固的長高迷思，我相信唯有用對方法，才能提供孩子真正有效的幫助。

台灣民間將孩子長高的時期為「轉骨」，這也是中醫學獨有的名詞，又稱為「贊育」。在這段你我都會經歷的青春期，正是子女從小孩們蛻變成大人的中繼站，也是成長的黃金時期。老天是公平的，每個孩子在成年之前都有兩次快速長高的機會，第一次在 5 歲至 6 歲，第二次則是在青少年時期，但後者抽高的速度更快，一旦過了最後一次長高的黃金時期，未來想要再長高，可就真的是難上加難了！

孩子究竟能長多高，的確和「遺傳」有著一定的關聯性，但成長黃金時期的「營養」及「睡眠」才是攸關成長速度的關鍵，兩者缺一不可！試想孩子在深層睡眠期間分泌了大量的生長激素，但身體卻營養不良，自然就錯失了長高的大好機會。

我相信每位在意孩子身高的父母，一定都在網路上看過一個公式，這個公式宣稱可以利用父母的身高來計算出

孩子可能的身高。

這個公式是這樣的：

男孩身高＝（父＋母＋11）÷2，得出的結果再加減7.5
公分，就是男孩子可能的身高落點。

女孩身高＝（父＋母-11）÷2，得出的結果再加減6
公分，就是女孩子可能的身高落點。

聰明的父母們發現了嗎？這些公式乍看之下煞有其
事，但計算公式的最後一步卻會使得身高預測範圍過大，
男孩身高預測的最高與最低落差高達 7.5 公分 × 2 =15 公
分，女性則高達 6 公分 × 2 =12 公分，由於範圍真的太
廣、不夠精準，我個人認為不太具有參考意義。

正所謂「三分天注定，七分靠打拼」，每個人基因不
同，生出來的孩子在成長發育的起跑點上，自然也有所不
同，但後天調理有機會補足先天的不足，搭上長高的順風
車。

在營養方面，可以多攝取蛋白質及維生素，像是肉類、魚類、蛋類、奶類及新鮮的蔬菜、水果等食物，炸雞排、可樂、蛋糕、薯條、飲料等垃圾食物，雖然美味可口，但熱量卻也高得嚇人，所含的營養幾乎都是油脂與澱粉，千萬不可貪嘴，以免還沒長高，恐怕先往「橫」長了不少。

想靠運動長高，打籃球、游泳、跳繩等都是不錯的選擇，適量運動能夠有助於長高，要是過於激烈或時間過長的運動，就可能造成運動傷害。除了運動，「拉筋」也經常在各派系長高迷思中占有一席之地，有一派認為拉筋能幫助長高，另一派則認為拉筋會加速生長板閉合。實際上，拉筋對於身高的影響並不大，但一而再、再而三密集的劈腿或拉筋，仍然有可能讓骨頭兩端的生長板軟骨受到傷害，反而抑制了身高的生長。

前面所提到利用施打生長激素來增高，確實是有這麼一種治療方法，但只適用於生長激素無法正常分泌或基因異常的矮小兒童及青少年，一般人施打生長激素既是多

餘，也對增高毫無助益。

　　那麼吃中藥轉骨促進性早熟呢？這更是迷思中的迷思，中醫長高湯的原理是透過健脾胃、補氣血、行氣活血、固澀精氣來達到「進補」的目的，和性早熟一點關係也沒有。反倒是不少家長求好心切，容易聽信坊間或網路傳聞，從小幫孩子胡亂進補，尤其是鹿茸、紫河車、巴戟天、淫羊藿、肉蓯蓉這類藥材都得千萬避開，這些雖然是很好的補腎藥材，甚至有壯陽功效，但其中的荷爾蒙可能導致孩子出現性早熟問題，反而愈補愈糟。

　　不少父母常有個觀念，認為女孩子初經來潮後就會停止發育，但根據研究發現，女生初經來潮後，約莫還有兩年的時間可以長高，務必好好把握！我也要特別提醒各位父母，女孩初經剛報到時，由於尚未發育完整，體內荷爾蒙分泌仍是紊亂未趨於規律，容易出現月經週期不規則的情形，這時千萬不要一味地幫孩子調理月經，否則恐讓孩子提早結束成長的最後良機。

　　從生長曲線來看，孩子經過中藥調養每 6 週可以長高

1 公分，同時也建議青春期少女在初經後，若有月經不順的情形，無需刻意服用藥物調經，否則會影響長高，四物湯、中將湯等都屬調經藥物，想長高者應暫緩飲用，以免月經變得規律，女性荷爾蒙分泌趨於穩定、充足，生長板受女性荷爾蒙影響，加速促進骨質密合，造成生長板提早關閉，反而不利於長高。

　　簡單來說，讓孩子們多深沉睡眠、多運動、吃得營養又均衡，再搭配長高湯調理體質，才是讓長高關鍵，因此每逢寒暑假都是孩子最容易長高的時期，父母們可別再嘮叨孩子們睡大覺、打球、吃美食的寒暑假生活，因為孩子正在努力長高呢！

21

長高湯等長喉結、長胸部才吃？
睡前喝長高湯是錯誤的行為！

　　「不讓孩子輸在起跑點」是多數父母對孩子的期待，不少人會為了即將邁入青春期的小孩準備長高湯，期待孩子能有個良好、健全的骨骼發育，最多人好奇的就是長高湯的使用時機了。坊間傳聞長高湯要到長喉結、長胸部或初經報到後才能吃，其實是錯誤迷思，父母們也別再讓孩子睡前喝長高湯，恐讓孩子長高不成還耽誤了睡眠品質！

　　10歲至18歲的青春期期間，正是孩子轉大人的關鍵時期，這幾年孩子身高平均增加25%，但長高的黃金時期男女有別，我不建議用「歲數」一刀切，否則可能讓許

多人陷入另一個迷思之中。女性發育得較早，大約從小學四年期開始發育，男性則約小學五年級，若能應用中藥調理加上正常的作息，就能像施了魔法一般長高又長壯。

中醫和西醫看待骨骼發育與生長的觀點不同，西醫是從遺傳學、成長所需要的營養素、運動促進細胞新陳代謝、睡眠與生長激素的關係等角度幫助孩子成長，而中醫則認為腎臟主宰人的生長發育，認為讓骨頭生長發育的關鍵在於其中的骨髓是否足夠充盈，骨髓則是由腎臟負責製造，也就是所謂「腎主骨生髓」，腎氣的盛衰決定了人體的成長，因此轉骨湯大多都是以滋補脾腎為主的藥方。

正因孩子發育期從小學開始，所以我們大多建議父母從小學就可以開始讓孩子服用長高湯。那麼，究竟能不能用長喉結、長胸部這類「第二性徵」，作為飲用長高湯的時機點呢？人自出生後就擁有的性別特徵稱為「第一性徵」，到了小學 4 至 6 年級就會開始像是長胸部、長喉結、長腋毛、男性的「小鳥」也會長大，這就是所謂「第二性徵」，但每個人「第二性徵」發育有快有慢，哪部位

先長也沒有一定，自然不能一概而論，所以若以「第二性徵」的出現，作為判斷飲用長高湯的時間點，就顯得太不準確了！

　　想讓孩子高人一等，父母們務必切記「認真睡覺」、「注意營養」、「喝長高湯」這 3 大重點。

　　老一輩常說小孩是睡大的，不是吃飯吃大的，這句話其實是半對半錯，在我臨床經驗來說，想要長高，「認真睡覺」和「注意營養」一樣的重要。為什麼要「認真睡覺」呢？因為成長期的孩子，在睡眠時會分泌攸關長高的「生長激素」！人的睡眠分為 4 個階段，分別是入睡、淺睡、深睡、熟睡，唯有進入深熟睡期間，才是人體生長激素分泌高峰。

　　人在入睡後 80 至 120 分鐘會進入深層睡眠的「慢波期」，這時候也是生長激素分泌的高峰，而人體的睡眠習慣是由深眠與淺眠交疊，猶如波浪一般規律運行，睡滿 8 小時可讓孩子經歷 4 到 5 次慢波期，有較多時間分泌生長激素，可見認真睡覺有多麼重要！由於白天各種吵雜的聲

音和刺眼的光線都會讓人體難以進入深層睡眠，因此晚上
10 點到 11 點便是孩子最佳的入睡時間點，安穩的睡眠環
境也相當重要。

　　孩子瘦巴巴、營養不良，自然容易長不好，均衡飲食
也是長高的關鍵要素，青少年男性每日應攝取的熱量約
2500 卡路里，女性則為 2200 卡路里，除了要注意熱量的
攝取外，蛋白質及維生素也要多加補充，不應挑食或偏
食，這也就是我說的，要「注意營養」才行。

　　最重要的自然就是「喝長高湯」，老一輩常把「一暝
大一寸」掛在嘴邊，使許多人誤以為睡前喝長高湯，可以
讓孩子在睡眠期間好好吸收、成長，但正如我們前面所
說，長高湯屬於行氣活血、固澀精氣、補充營養的中藥
材，吃完後能夠讓精神更好，睡前吃肯定影響睡眠品質，
因此建議最好一大早就服用，若真不得已要在晚間服用，
至少要在睡前 3 至 4 小時之前服用完畢，以免讓孩子不容
易入眠，影響生長激素分泌。

第  章

中藥禁忌

吃中藥搭白菜
會太寒？

Medical Knowledge

22

長輩說吃中藥搭白菜會太寒？
搞懂兩關鍵事倍功半

　　還記得我在 37 年前剛剛成為中醫師的時候，就曾聽聞許許多多與中藥相關的飲食禁忌，像是吃中藥的時候不可吃白菜、蘿蔔、水梨、西瓜等太寒的食物，否則會對身體產生不良的副作用，也不可以配茶以免影響藥效。如今 37 年過去了，這些傳聞仍然在街坊鄰居之間口耳相傳，今天我們就來談談這些相傳數十年的中藥禁忌，到底是真還是假？

　　吃中藥的時候除了搭配溫開水，飲食上是否要忌食其他食物或茶飲呢？最大關鍵在於「個人體質」與「病

情」。每個人和自己的身體相處了這麼多年,對於個人體質想必多少有些概念,屬於虛弱、偏冷體質的民眾,的確不適合吃白菜、蘿蔔這類生冷的食物,而是應該偏向使用當歸、人參這類較補的食物來調理。

相反地,體質比較燥熱的民眾如果出現喉嚨痛的症狀,吃中藥調理期間又吃肉桂、當歸、人參類補品或是油炸、辛辣的食物,形同替身體火上澆油,發炎的症狀自然是怎麼治也治不好。

這種時候就該多吃蘿蔔、水梨、西瓜這類寒涼的食物,不但能夠消除體內火氣,更能加速消炎與降溫,甚至可以將水梨汁、荸薺汁、鮮蘆根汁、麥冬汁、蓮藕汁(或甘蔗汁)一起打成中醫的潤肺茶飲聖品「五汁飲」,這也是所謂的「食療」調理。

至於中藥搭配茶飲究竟可不可行?答案是「可以的」,由於茶飲當中含有咖啡因、單寧酸等成分,可以抑制、緩解神經性頭痛,服用中藥時不但不用忌諱飲茶,部分中藥方更是「以茶入藥」或「以茶送藥」,讓中藥發揮

最大效果，治療起來事半功倍。

　　說起以茶入藥最具代表性的中藥方，不得不提及「川芎茶調散」，這味藥方主要用來治療發燒、關節痠痛等問題，我都稱它為「中藥界的普拿疼」，不僅功效和西藥普拿疼大同小異，又不會引起肝毒性的問題，使用科學中藥的民眾可以含有茶葉的茶包 2 包或茶葉 6 克，搭配這款中藥一起服用。

　　另外像是「菊花茶調散」、「蒼耳子散」以及部分治療氣喘的中藥，也需要搭配清茶一起服用，更能疏散風邪，達到最佳療效。儘管搭配茶飲可以讓這些中藥效果更佳，但本身胃部不好的病患，在搭配茶飲的過程中還是要特別注意，以免刺激到胃黏膜，造成胃酸過多，使腸胃有不適症狀。

　　要特別澄清的是，有些人因為本身體質緣故，無論有沒有搭配中藥，只要喝茶或咖啡就容易引發胃痛或睡不好等問題，並不是中藥搭配茶所出現的交互作用。

　　有句俗諺叫：「良藥苦口。」但這句話用在這時代不

一定正確，中藥本身比較苦，很多父母為了增進孩子對於中藥的接受度，會以糖果或糖粉搭配中藥給孩子吃，這些做法都沒有問題，但在糖粉的選擇上最好選擇黑糖，不但能讓孩子吃藥吃得順口一些，也不會影響到藥效發揮。

坊間流傳的中藥禁忌百百種，在我看來，這些傳聞都是早年台灣民眾習慣到中藥房抓藥時，師傅根據他的老師傳承及自身經驗留下的心法，久而久之卻忽略了個人體質因素，導致中藥禁忌愈來愈多，大家最後反而無所適從，將錯就錯。

但中藥畢竟是藥，在服用上當然也不是百無禁忌，譬如補藥大多含有豐富的蛋白質、澱粉、脂肪或膠質等成分，吃下肚以後人體並不是那麼容易消化，建議服用補藥後不要立刻吃過於油膩的食物，以免導致腹脹問題。

23

吃中、西藥間隔多久？3個時間點一次搞懂

　　台灣是個中西醫並行的國家，既傳承了優質的中醫體系，也有現代化進步的西醫院所，民眾同時使用中藥與西藥，已是相當普遍的日常。根據統計，國內有超過半數民眾經常性使用中藥，尤其年長者大多有「三高」這類慢性病纏身，想同時兼顧治病與強身的觀念，讓中西藥的使用變得更加複雜。

　　說起中藥與西藥的差異，大家總是認為中藥比較自然且不傷身，正是因為中藥主要以植物、動物、礦物等天然成分入藥，並利用古人智慧輔以科學研究找出最佳的排列

組合，達到治療疾病的功效。

　　然而中藥、西藥都是「藥」，用對方法可以治病，用錯方法則可能產生不良的交互作用和毒性，該如何避免可真是一大課題。究竟中、西藥能不能一起吃？中藥長期吃會不會有問題？每天該在剛睡醒吃，還是睡前再吃呢？我利用這次機會一次解釋清楚。

　　從我的觀點來看，中藥和西藥之間無需間隔兩個小時，只要避免一口吃下肚，兩者間隔 20 分鐘左右就可以了。舉例來說，多數人每天早上都習慣喝杯咖啡提神醒腦，其中的咖啡因遇上不同藥物，就可能導致藥效延長或降低，但咖啡因在體內的半衰期長達 6 小時，代表影響身體的時間預計將長達 12 小時之久，無論怎麼避都不太可能避開交互作用及效果。

　　吃中藥、西藥也是同樣的道理，無論兩者間隔 1 小時還是 2 小時，藥物都會在體內作用一定時間，在「時間」上斤斤計較並沒有太大的意義，更應該注意的關鍵是這兩種藥物的「藥效」是否有加乘、相互抵銷或其他不良的交

互作用。

　　不少上了年紀的民眾都有高血脂問題，必須每天吃降血脂的西藥來控制體脂，這時候就不適合和中藥的「紅麴」並用，因為紅麴同樣具有抑制膽固醇形成、改善高血脂的功效，形同讓身體攝取雙倍的藥量，可能導致橫紋肌溶解的副作用，這個是報紙上曾經報導的實際案例。

　　中藥材雖然是來自大自然的天然食材，但很多人不知道的是，部分中藥材也帶有毒性，並不是所有中藥都適合長期服用。中醫界最早的藥典《神農本草經》將藥材依照毒性，分為上品、中品與下品，上品的藥材具有「養生」功效，長期服用不但不會傷身，對身體也有相當益處，像是人蔘、黃耆、紅棗等。

　　中品的中藥材則同時兼具「養生和治療」的功效，部分無毒、部分具有微毒性，可以提升免疫力也有治療的效果，但不建議天天吃、長期吃，常見中品藥材如菊花、決明子……等藥材，適量服用可以改善體質，讓身體變得健康，不過切記腸胃不好的人不宜攝取過多決明子，以免

腹瀉。

　　至於下品中藥材則屬於「輔助藥」，通常是帶有強烈治療性質的藥物，具有毒性的比例較高，而這些毒性恰好是可以治癒身體疾病的成分，像是半夏、巴豆等，等到疾病痊癒後就不適合繼續服用。

　　正因不同中藥材的藥性、效果各有不同，最佳的服藥時間點自然也有所不同。多數中藥都是每天服用 2 次，上午、下午各一次，建議在飯後 1-2 小時左右服用；若是協助安眠的藥物則建議下午、晚上睡前各 1 次；而病情嚴重、出現急性症狀的病人隨時都能吃，不用特別拘泥於特定時間，以緩解症狀為先。

　　不過，要是今天吃的是補藥，情況可就大不相同。大補藥建議在白天空腹時溫熱服用，能夠最大程度地吸收裡頭的有效成分，還能提振精神，避免睡前服用導致神經過於興奮而影響睡眠。補陽藥、補氣藥最好一早睡醒就服用，補陰藥、補血藥以晚上臨睡前服用療效最佳。

24

熱熱喝，快快好？誰說吃水藥一定要加熱

　　近年台灣社會的養生風氣逐漸盛行，多元且便利的中藥錠、中藥粉、中藥茶包拉近中醫與年輕人的距離，也讓養生調理得以融入現代人忙碌的生活當中，反觀中老年人的養生習慣則相對「復古」，多數中老年人依然偏好傳統煎煮的中藥，也就是俗稱的「水藥」，他們經常認為煎煮的藥效優於科學中藥。事實上，若將中藥濃縮製劑 (即俗稱科學中藥) 使用之藥材量還原來看，一般成人一日服用的科學中藥，其中中藥飲片量約 45 克，而傳統水煎劑中藥飲片量約 200 克，二者之間有著 4-5 倍藥力的差距。

　　水藥的開立原則與樣態百百種，就我個人的看診習慣，我在碰到病情較嚴重或較頑固病症的病人時，不免都會開上幾帖水藥，但也有中醫師連養生藥膳都會以水藥方式開立，並不一定都用來治病，另外也有中醫師會開立藥方請病人自己回家熬煮成水藥。

　　很多人可能好奇，既然是藥材，是否可以泡熱水來取代煎煮的過程。實際上，只有非常少數的藥材可以單靠沖泡就達到療效，而且僅侷限在花、葉類的藥物，一般藥茶都需要煎煮，否則藥性不易煎出。不過，自行煎煮有時候不是這麼方便，因此也有人請中醫診所代煮中藥，以免一時疏忽而把整鍋藥液煎乾、燒焦了，白忙一場。

　　我們中醫診所在熬煮藥材時，除了對熬煮時的水質特別講究，也會利用高壓鍋將藥材每一分精華都燉進湯藥裡，去渣後採用無菌包裝，變成一包包像是飲料一樣的水藥包。

　　有別大家對湯藥「熱熱喝，快快好」的刻板印象，這種現代化藥包經過完整殺菌、封裝過程，不容易變質或壞

掉，不用額外加熱就可直接插吸管飲用，就像喝鋁箔包紅茶一樣，只要確保對症下藥，藥物都能在腸胃道內被完整吸收運用，無論冷熱飲都不影響療效。

要是習慣溫熱喝，只要整包放進熱水浸泡 10 分鐘到 15 分鐘，就能加熱至攝氏 20 度至 30 度，直接喝也不燙口，但如果是消腫或消炎的藥物，則建議冷冷喝效果最佳。

另外，吃中藥期間到底能不能吃冰品或冰飲，也是各界經常爭論不休的問題。「冰」可以消暑，但很多中醫師常將冰看作十惡不赦的惡魔，在我看來，無論是體質燥熱者、戶外工作或運動的族群，適量吃冰可以幫助身體快速降溫，體內機能也得以快速恢復，與中藥本身並不衝突。

不過對於本身腸胃不好的民眾而言，一杯冰水下肚，會讓器官冷凝、胃部收縮，反而影響腸胃功能；而手腳容易冰冷、虛弱、疲倦體質的民眾，同樣不建議吃冰。

25
製作流程揭祕！水煎藥、科學中藥比一比

　　有別西藥多是化學合成、成分固定，源於大自然的中藥成分與劑型的變化數不勝數，小至藥材使用的植物品種、炮製方式，大至製作成丸、散、膏、丹等都可能改變藥性。現代人礙於忙碌，不太可能天天燉藥、煎藥，因此便催生了科學濃縮中藥的問世，究竟兩者在製作原理上有哪些差異？水藥效果真的比科學中藥好嗎？

　　首先我們來談談什麼是水藥，水藥是中醫師根據每一位患者的體質、病症進行診斷，並擬定配伍出適合的藥方，再煎煮成可直接飲用的藥汁，又稱水煎藥。藥物吸收

效果好、療效也佳，但品質、火候與燉煮時間都有講究，
相當費時費工。

　　既然要將中藥材精華煮進水裡，除了格外講究水質，
水量多寡的掌握也會直接影響到疾病治療效果，正如明代
醫藥學家李時珍所說：「劑多水少，則藥味不出；劑少水
多，又煎耗藥力。」煎藥前，必須先浸泡藥材，讓藥材的
細胞壁膨脹、變軟，幫助有效成分更容易煎出來，一般浸
泡原則如下，外感袪邪藥物浸泡時間宜短，而滋補藥浸泡
時間宜長。而菊花、紫蘇、麻黃這類以花、葉、莖類為主
的藥物需浸泡約 20 分鐘；彭大海、紅棗、羅漢果這類以
根、種子、果實為主的藥物則浸泡 30 分鐘至 60 分鐘。

　　煎藥的容器最好選擇陶器、砂鍋，切忌使用鐵鍋或銅
鍋，避免銅離子、鐵離子與中藥材發生化學反應，造成中
藥湯劑藥效不足或產生有害物質。每一份水藥都要歷經兩
道煎煮過程，才能完整釋放有效成分，最初是「頭煎」，
在鍋內加入整帖中藥材後，加水至沒過藥面二橫指並適當
加壓，以「先武後文」方式烹煮，先開武火煮至沸騰，再

轉文火煎煮約 15 至 20 分鐘，煎煮出的藥汁倒出後，再加水蓋過藥材進行第二煎，最後將兩次藥汁去渣後混合、分數次服用。

除此之外，還可依藥性不同調整火候，例如氣味芳香、容易揮發的花葉類藥物，一般須武火急煎、煮沸 1 至 2 次即可服用，煎煮過久可能喪失藥效；另外像是滋膩質重、不易出汁的根莖類藥物，一般須用文火久煎，否則藥材沒有煮透，不只浪費寶貴的藥材，也達不到預期的治療效果。

要是不小心把藥給煎乾或煎焦了，裡頭含有的醣類、胺基酸物質都已遭到破壞，整帖藥幾乎完全喪失功效，只能忍痛丟棄，即便硬是喝下去也沒有任何效果。

只不過呀，現代人工作生活忙得馬不停蹄，哪有時間慢慢煎藥、燉藥，因此便以現代製藥方式，經過水煎煮抽取提煉後，將濃縮液在桶槽內以噴霧方式吸附一定比例的澱粉作為賦形劑，以生產出科學中藥散、細粒，再壓製成為藥錠、藥片或膠囊等多種劑型，便是方便攜帶與服用的

「科學中藥」。

　　大致來說共分為 6 大製作程序，包括 1. 藥材揀選、2. 藥材洗淨、3. 鍋爐煎煮、4. 浸膏賦型、5. 濃縮液在桶槽內噴霧乾燥及造粒、6. 裝罐或其他包裝，不但經過確切洗淨與高溫殺菌，藥廠也會慎選藥材，於製程前及製程後分別檢測重金屬、農藥污染情形，安全性較可信。然而，科學中藥既然是濃縮製劑，理論上只需服用少量應該就能夠達到與水藥相同藥效，為何許多民眾認為水藥比科學中藥有效呢？其實與健保給付有著密切關聯，我將在下一篇文章中完整解釋。

26

聰明吃出高 CP 值！科學中藥
不是開愈多愈有效

　　以往很多人只有在筋骨拉傷、腰背痠痛、調身體時才
會到中醫診所治療，這些年隨著民眾養生風氣高漲，愈來
愈多人擔心吃西藥傷身，很多人出現感冒、咳嗽、腸胃
不適等症狀時，也會第一時間想到中醫！依健保局 111 年
統計資料顯示，由於清冠一號治療新冠肺炎輕中症療效頗
佳，讓民眾對中醫信任度大增，以致該年民眾尋求中醫治
療的人數，由往年的 560 萬人次，一舉突破至 812 萬人
次，成長了 35％，看中醫變成一種時尚。

　　不過啊，在多數民眾心目中，相較西醫滿是英文藥

名、專有名詞的處方箋，中醫的藥單可就親民多了，藿
香、甘草、金銀花……大多都是民眾耳熟能詳的中藥材，
台灣人引以為傲的全民健康保險也早已將科學中藥納入健
保給付當中。

同樣的疾病，既然科學中藥已經有健保給付，為什麼
很多人心中仍然認為水藥比科學中藥有效，甚至選擇自掏
腰包購買水藥呢？這其實和健保制度有著密不可分的關
係，別看很多中醫師在開科學中藥時，開得洋洋灑灑，其
實健保每天只給付新台幣 37 元藥費，開得再多，有效成
分仍然是遠遠不夠的。

相信只要是曾經到過中醫診所的民眾，對於診所牆上
一排排陳列整齊的白色或黃色的罐子都不陌生，上面總是
寫著中藥材的名稱，或是某某湯、某某劑等不同藥名，這
些就是中醫診所開立給民眾使用的科學中藥。

為了更深入瞭解科學中藥，我曾經向藥廠總經理詢問
科學中藥的藥方來源及製作方法。原來，我國的行政院衛
生署中藥委員會（現為衛生福利部中醫藥司）早在 20 多

年前就依中醫經典，訂定出 200 方「基準方」，例如大家耳熟能詳的十全大補湯、四物湯等不同方劑。

　　由於這些藥方都是歷經數百年「人體試驗」的固有成方，無論在安全或療效方面都有保障，如有科學中藥廠申請生產這些藥方，只要向政府單位申請都會快速通過，不需要另外再召開專家會議審議，而藥廠生產科學中藥時也必須按照配方調配，並且經過農藥、重金屬等嚴格的品質把關，若有違反法規，輕則處以罰鍰，重則吊照關廠。

　　民眾到中醫診所看完診，診所會依照醫師開立的藥方，利用藥粉打包機逐一分包，每包重量約為 5 公克，每天服用 3 包、共 15 公克。根據科學中藥製作原則，每 24 至 30 公克的中藥材，可製成 9 公克科學中藥，大約濃縮了 3 倍左右。因此，回推診所每開立的 15 克科學中藥，實際藥材量大約就是 45 公克，也就是 1.2 兩左右。

　　若一複方方劑有 10 味藥材，中醫師開立了 3 道方劑，等於一天份的藥量開了 30 味藥材，也就是無論中醫師今天只開立 1 味藥，還是一口氣開立 30 味藥物，每天實際

吃到的原藥材總量就是 45 公克。假使我們開立科學中藥裡的四物湯，每種藥材一天可吃到將近 12 克、約 3 錢的重量；要是開立十全大補湯，每種藥材就只剩下 4.5 克，如果一次開立 5 個方劑，相當於開了 50 味藥，那是不是代表每種藥量成分更是微乎其微了？

目前更大的問題在於，許多醫院的主治醫師、主任級醫師經常一開就是 4 個處方，裡頭大約含有 50 味藥物，這樣算下來，其實每一味藥原藥材只剩 1.5 公克，更可能出現療效衝突的藥方，怎麼可能會有效呢？我常和身旁朋友開玩笑說，這種開藥方式「只是治療你的靈魂，沒有治療你的身體」，因為藥物濃度根本不足，只能稱得上是吃心安的。

因此看中醫時，認為醫師開的處方愈多就愈有效，很明顯就是一種迷思，而且藥單愈複雜、愈沒效，代表開藥的醫師信心不足，才會這也要吃、那也要吃，反而讓治療失去主軸。相較之下，水藥一天份使用的原藥材總量，幾乎都會大於 200 克，因使用的藥材份量足夠，治療起來藥

效自然也好，久而久之便形塑了水藥比科學中藥有效的印
象了。

第 **6** 章

中醫與
飲食禁忌

吃螃蟹配柿子
會中毒？

Medical **K**nowledge

27

預防骨質疏鬆咖啡、茶飲該戒嗎？科學實證這麼說

　　來無影去無蹤的「骨質疏鬆症」是長輩與停經婦女最常見、同時也是最嚴重的健康問題之一！隨著台灣人口結構逐漸老化，臨床上患有骨質疏鬆症的病人大幅增加，然而骨質疏鬆沒有明顯症狀，很多人直到跌倒骨折才發現自己竟然有骨質疏鬆的問題，也讓愈來愈多人開始重視骨質疏鬆的問題。

　　現代上班族習慣人手一杯咖啡或手搖茶飲，但長輩看到總是搖搖頭，直呼咖啡和茶會導致骨質疏鬆，令不少人聽的內心發毛，不知道到底該喝還是不喝。根據我這些年

研讀的回顧性研究資料顯示，我們這麼多年來很可能都讓茶和咖啡背了黑鍋。

茶和咖啡究竟會不會導致骨質疏鬆呢？我們讓數據來說話，根據一篇回顧性研究，研究團隊以受訪者飲食習慣，將受訪者分為常喝茶、牛奶、水、咖啡等 4 個小組，看看哪種人得到骨質疏鬆的機會較大。研究發現，喝牛奶確實能夠帶來比較好的保護作用，但喝茶和咖啡雖然沒有保護作用，但骨質疏鬆的風險也不會比常人來得高。

「骨質疏鬆症」與中醫談到的「骨痿」類似，病理機轉主要與腎虛有關，從中醫角度來看「腎主骨，腎虛則骨不壯，筋不強」，代表骨質疏鬆是一種長期過度勞損及氣血不足的問題，也可能是大病後腎精虧損、骨枯髓減所致。

中醫主要將骨質疏鬆症分為 2 大類，第一種是女性停經後缺乏荷爾蒙造成的骨質疏鬆，因為原本要與雌激素合成的荷爾蒙激素驟降，間接使得體內破骨細胞活性增強；第二種則是老化衍生出來的骨質疏鬆症，無論男女，只要

活得夠老都可能會發生，人在年輕時骨骼非常緻密，骨小樑（骨頭內的一種結構，與骨的生成有關）量很多且間隙小，但隨年紀增長，骨小樑會變細斷裂、使間隙變大，當骨骼密度下降到臨界值以下時就容易骨折，由於症狀大多是腰痠背痛、容易骨折，和老年人常見的毛病非常類似，而容易被忽略。

　　骨質疏鬆症的高危險族群除了我們前面提到的年長者以及停經、卵巢切除的女性外，另外像是不愛戶外運動或素食、不喝牛奶等營養不均衡的人也得注意，這族群也容易因為缺乏預防骨質疏鬆必要的維生素或平時鈣攝取量較少，而有較高機率容易出現骨質疏鬆問題。

　　在飲食均衡上，鈣質的補充是重中之重，動物性鈣質的吸收率優於植物性鈣質，平時建議多攝取牛奶、優酪乳、起司等奶製品，還有像是櫻花蝦、沙丁魚、帶魚骨罐頭、小魚乾、牡蠣等都是很好的動物性鈣質來源；素食者可多吃紫菜、海苔、海帶芽及豆類製品來補充鐵質，若情況允許建議選擇「奶蛋素」，可以透過牛奶補充足夠的鈣

質，針對乳糖不耐症或無法接受牛奶的民眾則可改以優酪乳或優格取代，這些奶製品的乳糖經過乳酸菌作用發酵，會先分解約 30％乳糖，更易於人體吸收。

除此之外，適當的運動也能增加骨骼受力及血流量，降低骨質疏鬆風險，不妨選擇可讓心跳加速並運用到腹肌、背部力量的運動，如步行、散步、游泳、騎自行車等，從年輕時就多攝取鈣質、存好骨本，尤其 13 歲到 19 歲正值成長發育期的年輕人以及處於懷孕期、哺乳期的婦女更應該如此。

就中醫觀點來看，骨質的好壞是靠五行的腎臟在維繫，想強化骨本自然得從腎臟做起！補腎藥目前已被證實為預防骨骼退化的有效藥物，可以有效加固骨骼組織，同時預防骨骼的退化性變化。

最後也分享一道簡單的補鈣藥膳「黑豆排骨湯」，只要將 600 公克浸泡一夜，並將 600 公克尾冬骨切成小塊川燙，兩者放進快鍋中 10 分鐘即可熄火，最後加點鹽就是一道補肝腎、壯筋骨、滋陰潤燥、改善骨質疏鬆的養生食

療；另像「萸肉粥」也是不錯的選擇，取一砂鍋加入 450
公克水，以 5 錢山萸肉、50 公克糯米、適量紅糖用文火
熬粥，可補益肝腎、改善腰膝痠痛、入腎益精。

28

檸檬吃下肚自動變鹼性？其實是誤會一場

「你就是愛吃肉、血液太酸，才會容易被蚊子叮！」相信不少人都曾聽長輩這麼說，很多長輩甚至會遞上一杯檸檬汁或水果醋，叮嚀要多喝點酸的，因為他們認為這些酸的食物吃到體內會自動變成鹼性，可以將身體調整成鹼性體質，有助預防癌症，甚至還誇大稱其具有抗癌功效。實際上，確實也有很多網路資訊鼓勵民眾多吃檸檬、多喝醋，稱其可保健康又能減肥。

上述這些似是而非的錯誤觀念早已在台灣社會流傳數十年之久，我甚至看過有人因此被誤導，每天堅持喝檸檬

水，最後喝到胃潰瘍的慘痛案例。在中醫看來，「酸、鹼」就如同中醫裡的「陰、陽」，在不同位置談到的陰或陽都代表著不同意義，酸鹼也是如此，在破解坊間流傳的錯誤傳聞前，我們先談談什麼是「酸化」和「鹼化」。

綜觀研究資料及科學根據，其中從未正式出現過「酸化」、「鹼化」這類名詞，因為這些名詞其實是源自於日文。還記得化學課本裡教的「氧化還原」作用嗎？當物質接觸到氧氣並與氧氣結合時稱為「氧化」，而日文當中把氧氣稱為「酸素」（さんそ），因此氧化的日文則寫成「酸化」，而氧化的相反「抗氧化」在日文則被譯成了「鹼化」，讓這兩個天差地遠的詞彙，漸漸地便被各界混為一談。

當我們吃了太多肉類和油炸食物時，體內就會形成過多的自由基，一旦體內自由基的數量超過正常範圍，就會產生「自由基連鎖反應」，使得蛋白質、碳水化合物、脂質等細胞基本構成物質，遭受氧化而成為新的自由基，而新生成的自由基又繼續去「氧化」其他的細胞基本構成

物質。在不斷的惡性循環下，不僅加速身體老化，人體的功能也會因此逐漸損傷敗壞，甚至還可能造成細胞內染色體基因突變，各種疾病如癌症等也就跟著接踵而來。既然有食物能加速氧化，自然就有食物能夠抗氧化，各界公認最有效的抗氧化物質包括維生素 C、維生素 E、β- 胡蘿蔔素及各種深色蔬菜水果，吃了以後體內會產生抗氧化作用，修復基因損傷，同時降低癌變風險。

　　因此，像是檸檬、柑橘這類口感偏酸的水果都具有豐富的維生素 C，確實可以幫助身體達到抗氧化的效果，這才是吃酸性食物能夠「鹼化」的真相，並不是酸性食物吃到體內真的會轉變為鹼性，也不是所有帶酸味的食物都具有抗氧化的功用，譬如「醋」就不具這種效果。因為，所謂酸味只是因為食物的 pH 值較低而感受到「酸」的口感，和氧化還原的「酸」可是完全不同的概念。

　　有趣的是，很多人經常誤以為水果愈酸，維生素 C 含量就愈高，其實並不是如此。根據實際酸鹼值與維生素 C 含量比較，發現最酸的水果前 3 名分別為檸檬、柳丁、椪

柑，但維生素 C 含量測定則顯示芭樂、木瓜、椪柑才是維生素 C 含量最高的前 3 名水果，尤其「芭樂」的維生素 C 含量更是檸檬等其他水果的 4 倍以上。

芭樂的好處數不勝數，除了有高含量的維生素 C 有助皮膚美白，果實中也富含果糖、葡萄糖、蔗糖等，營養價值高，在炎熱的夏天食慾不振、吃不下正餐之時，除了多喝白開水與新鮮蔬果補充流失的水分外，吃上一顆香甜清脆的芭樂，就能達到生津止渴、消暑解熱的效果，也不會造成脾胃過多負擔。

由於維生素 C 可以加強體內抗氧化作用、消除自由基，我也常鼓勵身邊親友及患者多吃芭樂、奇異果、木瓜、柳橙，另外像是青椒、花椰菜也非常開味又營養；同樣具有抗氧化效果的還有葵花子油、紅花油、黃豆油、玉米油等富含維生素E的食物，而深色蔬菜、胡蘿蔔、地瓜、蕃茄則富含 β-胡蘿蔔素，都是日常營養補充的好選擇。

吃山藥養大婦科腫瘤？吃生蚵真會傷肝？

「妳有子宮肌瘤，別那麼愛吃山藥，小心把婦科腫瘤養大！」、「少吃生蚵，當心吃多了很傷肝耶！」，現代人習慣利用手機傳訊息傳遞關心，卻使得聊天群組中時常出現一些似是而非飲食觀念，令許多人看得一頭霧水，既有些擔心，又不知該不該相信才好。

我在這些年看診時發現，很多女性患者不吃山藥、黃豆等富含植物性雌激素的食物，一問之下才知道，原來是有網路傳聞宣稱吃這些食物容易誘發子宮肌瘤或讓原有肌瘤變大，甚至謠傳吃了會增加乳癌風險，才讓她們對這些

食物敬而遠之。

　　首先，我們先從子宮肌瘤說起，子宮肌瘤是女性相當常見的腫瘤，以良性腫瘤居多，大約有半數患者不會出現任何不舒服的症狀。根據統計資料，國內 35 歲以上的婦女當中，約有 2 成女性子宮內長有大小不等子宮肌瘤。

　　對於有子宮肌瘤風險的民眾而言，的確不建議攝食含有荷爾蒙的食材，像是葷食中與動物生殖系統有關的內臟，或是含有大量激素的食品、使用激素飼養的動物肉類等，而富含異黃酮，如黃豆等植物性荷爾蒙的食物也應該盡量忌口。

　　雖然說山藥裡頭含有植物性雌激素，但我曾經和婦產科醫師鄭丞傑教授討論過，一個人必須每天吃到 10 公斤以上山藥，而且連續吃上 3 個月，這樣攝取到的雌激素份量才足以養大婦科腫瘤。但一個人在現實生活中，要連續吃下這麼大量的山藥幾乎是天方夜譚，所以大家可以安心吃山藥，不用過於擔心，尤其台灣的山藥品質非常棒，也是中醫藥膳與食療經常選用的優質食材。

　　相較於其他補品，山藥溫而不燥也沒有毒性，適合老年人與小孩服用，而且其中富含多種游離胺基酸、維生素B1、B2、C 及礦物質鈣、磷、銅、鐵等，是營養價值相當高的食材，有助於促進消化、滋補、緩瀉、祛痰，甚至還有養顏美容的效果，經常吃山藥的人皮膚都會比較光滑白嫩，堪稱保養聖品。

　　以新鮮山藥作料理，對於長期腹瀉的人也有幫助，山藥能讓受損腸黏膜恢復再生，只要將 1 到 1.5 公克山藥粉加入牛奶中，就可改善慢性腹瀉及脹氣，也能改善孩子胃口，但特別提醒家長，若為急性或細菌性腹瀉還是應就醫了解病因，才能選擇最合適的治療方式。

　　除了山藥迷思，也有很多人誤以為生蚵吃多了會對肝臟造成損傷，這同樣是錯誤的觀念。一般人在日常生活飲食中，要靠著單一食材吃出問題，首要條件就是吃下異常巨大的份量，並且要 2-3 個月以上的長時間食用才有可能，但一般人通常是不太可能辦到的。

　　實際上，若以生蚵的營養價值來說，因為其含有豐富

的肝醣，在人體內可以快速轉化成能量，提供肝臟使用；同時也含有大量的鋅及硒，均有助於肝臟細胞的解毒和代謝功能。這麼看來，生蚵明明是對肝臟大有助益的營養食品啊？怎麼會落得一個「傷肝」的汙名？

在這邊要來澄清這個迷思，多吃生蚵並不會傷肝，但有肝臟疾病的人，切記不能吃生蚵，不僅是生蚵，但凡是未經煮熟的海產類食物都必須避免。這是因為海洋中棲息著一種名為「創傷弧菌」的細菌，若傷口接觸海水，或吃下被該細菌污染的生海鮮，都可能引致感染。一般人若是吃進被創傷弧菌污染的食物，可能會引起發燒、腹瀉、嘔吐或腹痛等症狀；而肝臟疾病者吃下這類食物，因其免疫力不佳，會造成更嚴重的傷害，創傷弧菌藉由放出強烈毒素進入血液，將引起敗血症及休克，誘發病患的全身器官衰竭，導致死亡。因此強烈建議罹有肝病患者，尤其是肝硬化與慢性肝炎患者，更應該避免生食海產類，將食物煮熟後再食用，才能遠離創傷弧菌的威脅。

說到肝硬化，我們不得不提及「護肝」這檔事，我非

常支持民眾養成正確的護肝觀念，因為正如我們生活中朗朗上口的一句標語——「肝是沉默的器官」，肝臟是人類體內最大的器官，負責消化、解毒等功能，其內部實質沒有痛覺神經分布，一般不會感覺到疼痛，沒有痛覺就會失去警覺，一旦肝臟出現痛覺時，就代表已經遭受到非常嚴重的損害了，因此在日常生活中就做好肝臟的保健是很重要的。

　　肝臟無時無刻都在為我們賣命，但要護肝可不是一時半刻的事情，必須在日常生活中養成良好習慣才行，但時下年輕人大多是越夜越美麗的夜貓子，忽略了晚上不睡覺的嚴重性，不知道熬夜就是傷害肝臟的最大元凶，這也是為什麼我們常說，熬夜熬太多容易「爆肝」的原因。

　　中醫有個「經絡循行」的理論，意指我們人體的每條經絡都有對應一段運行最活躍的時辰，只要能依循作息，就有養生的功效。而每天凌晨 1 點到 3 點正好是「肝經」當值的時間，一定要睡覺才能養好肝，建議大家最好晚上 10 時就上床睡覺，才能得到充足睡眠，不但能夠愛護肝

臟，也不容易出現黑眼圈；另外，尼古丁與酒精對於肝臟而言，更是有百害而無一利，拒絕抽菸、少喝酒、少吃醃製品，注意營養均衡，多吃綠色蔬菜及水果，都可以減少肝臟負擔。

　　最後我也推薦一個平時在家中就能料理的護肝藥膳「蛤蜊蒸薑」，烹調方法相當簡單，只要準備蛤蜊及少許的生薑，加入適量的水煎煮，就能達到清肝利濕、滋陰、軟堅散結的效果。

30

螃蟹配柿子恐中毒？農民曆背面的食物相剋能信嗎？

　　「農民曆上說，吃螃蟹不可以配柿子，這是真的嗎？」農民曆是老祖宗的智慧結晶，早年幾乎家家戶戶都會放上一本，裡頭除了記載節氣或當日宜忌事項外，農民曆背面一幅幅彩色的「食物相剋圖」，在過去沒有網路的時代，更可謂是老一輩生活必備的飲食小百科。不過，如今已是科學化世代，這些說法究竟能不能信呢？相信許多人都在內心打上了一個問號。

　　其實食物相剋圖就好比日常生活裡的「經驗醫學」，古人可能發現身旁不少親友同時吃了 A 和 B 食物後出現

身體不適，便推測這兩種食物彼此相剋，儘管發現了這種現象，礙於過去所知有限，知其然而不知其所以然，無法得知是什原因造成了這樣的結果，但他們仍然把這些現象記錄下來，代代流傳至今，提醒人們避開類似的飲食搭配，以免吃壞了肚子又傷身。

　　回歸到現代社會，中醫又是如何看待這些食物相剋圖的呢？仔細看看農民曆食物相剋圖上記載的內容，不難發現有「剋性」的食物以海鮮類食物占大多數，這其實和古時候的時空背景脫不了關係。早年冷凍、冷藏設備不足，如何保存海鮮可謂是一大難題，只要一個不小心就可能變質腐敗，即便煮熟吃下肚還是有相當高的風險會導致食物中毒。

　　秋天之所以被譽為「食慾之秋」，正是因為歷經的炎夏酷暑之後，秋天不但是各種食物成熟的季節，涼爽的天氣也讓人食慾大開，說起這個季節最具代表性的美食，想必就是秋蟹了！

　　根據農民曆說法，螃蟹不可和柿子一同時用，否則可

能導致中毒。從中醫觀點來看，螃蟹和柿子一起吃雖然不至於中毒，但農民曆之所以如此記載，其實是有原因的，螃蟹和柿子都屬於性寒的食物，一起吃下肚可能導致消化不良、腸胃不適，同樣偏寒的食物還有柚子、茶、啤酒等，也都不建議同時食用。

　　想大啖螃蟹又怕太寒，烹煮時不妨搭配薑、蒜、醋等溫性食材，並用紫蘇擺盤一起食用；若用大火快炒則建議搭配洋蔥，既能提香又能中和螃蟹的寒性。但我要特別提醒，螃蟹不但容易引發過敏，同時也是富含高膽固醇和高普林的食材，有過敏體質或高血脂、痛風的民眾都不宜多吃。

　　除此之外，相傳秋季盛產的蘑菇如果和小白菜、茄子、小米和大黃米一起吃，也會導致中毒，這同樣是危言聳聽的錯誤迷思，同樣一種食物除非狂吃非常、非常大的量，才可能攝取到足以對人體產生負面影響的含量。

　　實際上，蘑菇保健作用相當多，傳統中醫認為，蘑菇性味甘平、無毒，具有健脾開胃、滋陰潤燥、理氣化痰、抗衰延年等功用；近代醫學則在不同的研究中陸續發現，

蘑菇有降低血糖和血液中膽固醇、增強人體免疫力、清除
體內垃圾及毒素、幫助治療癌症、預防動脈血管硬化,以
及肝硬化等作用,對傳染性肝炎也有明顯療效。雖然蘑菇
和天然食物一起食用不會產生毒素,不至於危害生命,但
蘑菇同樣有性涼的問題,脾胃虛寒的人還是謹慎一點,少
吃為好。

順便一提的是,我們的料理菜譜中,也常利用熱性與
寒性的食物互相搭配,調節寒熱平衡,反而更能吃出美味
與健康,如煮魚或蚵等寒涼性食物,就常用溫熱性質的蔥
薑蒜去腥去寒性、炸臭豆腐配泡菜、炸紅糟鰻燉湯配白
菜⋯⋯等,不勝枚舉。

第 7 章

減重迷思

168斷食聽說只會瘦肌肉不瘦脂肪？

Medical Knowledge

31

減重不能吃澱粉、吃宵夜？別苦了自己又做白工

　　每一個曾經想減重的人都有過這樣的經驗，只要大夥兒聚餐、聊起減肥，總會被身旁親友限制，這也不能吃、那也不能吃，面對愛吃的食物卻碰不得，無非是一種折磨。說起減肥的地雷食物，許多人腦中肯定會率先浮現「澱粉」，減重真的不能吃澱粉嗎？究竟該吃什麼才能有效減重呢？

　　減肥，是娛樂圈永遠不退燒的話題。不少藝人、明星都曾在綜藝節目上分享自己的減肥經驗，不管是吃水果、吃青菜、幾點後不吃還是透過進食順序等方法，花招百

出，但該如何成功瘦身又不復胖，至今仍然是令減重者困擾不已的問題。

實際上，體重控制最困難的關鍵在於飲食攝取的控制，多數人更不懂得如何吃對食物，只要選擇對的食物，輕鬆維持體重並不困難。

大家都說減重的人不能吃澱粉，吃了會變胖，其實這是錯誤觀念！我們來討論一個有趣的問題，老虎為什麼只吃肉、不吃草，正是因為老虎是肉食性動物，只有肉類可以轉換成能量供牠們使用，至於牛、馬、羊都是草食性動物，只有吃草及穀類才能轉換成牠們能夠運用的能量，反觀我們人類是雜食性動物，不管是天上飛的、地上爬的、水裡游的，只要是能吃的通通都能吃下肚，這也代表著各類食物都可以轉換為我們人體所需的能量。

我將食物依熱量密度分為 5 大類 ， 第一類是肉類及油炸類，同樣一單位的重量，肉類及油炸類可轉換的熱量較高，就好比 1 斤肉類和 1 斤青菜，哪個含的熱量多呢？當然是肉類！因此建議減重者少吃肉類及油炸類；第二類

食物為蛋及海鮮，熱量也頗高，務必斟酌食用。

第三類食物為澱粉、青菜、水果，這類食物可以作為我們的主食，餓了就可以吃，但青菜、水果也是有熱量的，即便牛或馬一輩子只吃草，猴子或猩猩只吃水果，如果無限量供應，吃多了還是會變胖。因此，我建議減肥時，可以多以澱粉類食物作為主食，像是飯糰、吐司、饅頭等，這類食物的優勢在於吃下去不但有飽足感，又方便分段食用、即用即停，同時單位熱量也比肉類要低。除此之外，也必須秉持著「不餓不吃，餓了才吃」的原則，若早、午餐不太餓，只要將一顆飯糰分段食用即可，避免讓自己吃下過多的食物。若以營養學的角度來看，澱粉、米飯等碳水化合物熱量每公克為 4 大卡；脂肪熱量每公克為 9 大卡；蛋白質熱量每公克為 4 大卡，而肉類內含 50％的脂肪及 50％的蛋白質，以各類食物同單位所含卡路里互相比較，當然米飯這類澱粉食物會比肉類食物的熱量要低。

第四類食物則是流質食物，舉凡豆漿、米漿、牛奶、

優酪乳、各種果汁等等，許多人認為這類流質食物熱量低又營養，習慣天天拿來當水喝，恐怕在不知不覺中攝取了過多的熱量，建議體重控制者務必特別注意。第五類食物則為水分、茶，只要在沒有添加糖分的情況之下，這類食物就如同空氣，沒有特別飲用量限制。

　　破解了減肥不能吃澱粉的迷思後，我們再來談談減肥最常見的觀念，就是必須戒掉宵夜，這個習慣真的會讓身體胖更快嗎？其實都是錯誤迷思。只要活著，我們的身體就無時無刻都在運作著，即便躺著不動，也仍然為了維持各組織器官的基礎代謝而消耗熱量，這就是常聽到的基礎代謝率 (BMR)。而體重越重的人，代表身體需要消耗更大的能量來進行日常的活動，所以基礎代謝率也就越高，也因此每個人因體重不同，對於食物的需求量也會有所差異。例如一位身高 160 公分、體重 50 公斤的女性，和一位 160 公分、體重超過 170 公斤的相撲選手，身體每天對於熱量的需求肯定是不同的。

　　每個人的胖與瘦，都是「輸出」與「輸入」相減之下

的結果，若每日攝取熱量為「贐餘」，多攝取的熱量會轉換成脂肪囤積起來，身體當然會發胖；若每日攝取熱量總合為「短絀」，人自然也就跟著瘦了下來。俗話說「要活就要動」，我們每天除了睡覺的時候活動量比較小以外，其餘時間無論走路、搭車，甚至於只是坐著辦公，幾乎時時刻刻都在活動，但現代人生活忙碌，難以抽出時間運動，想透過增加活動（輸出）來達到減肥目的，成功機率並不高。

因此，最好的方法就是從飲食（輸入）下手，我們每天吃下的食物，就是熱量輸入的唯一來源。根據我的觀察，一般來說會瘦的人大多都是偏食者，或食慾偏低、胃口不好者，因為瘦所以對熱量需求少，對飲食容易挑三揀四，也或許是腸胃功能不良、吸收較差，一吃就拉肚子，因此輸入自然就少；而會胖的人通常都是因為食慾太好，加上對飲食不太會控制管理才會發福，就如人的脾氣無法良好控制，人際關係必定不好一樣，所以控制攝食量才是減肥最關鍵的事。

　　既然攝取熱量的多寡是攸關胖瘦的唯一關鍵，那麼在白天吃東西，還是晚上吃東西又有什麼分別呢？我舉個有趣的例子，假設你在中午到速食店買了 1 號餐，熱量合計約 800 大卡，晚上 11 點再到同一家店買相同的 1 號餐，熱量肯定也是 800 大卡，難不成會因為時間不同，晚上吃下的 1 號餐就會變成 1000 大卡嗎？答案當然是否定的！

　　因為相同的東西，在任何時候都有著相同的熱量，並不會因為進食時間不同而有所差異，輸入量的多少才是重點。這時候或許有人會說，我們很晚吃了漢堡之後，因為沒有活動，所以這些熱量會變成脂肪囤積起來，但實際上，沒有用完的能量仍然可以儲存起來提供給明天使用，不必怕會囤積脂肪，就像我們晚上開車去加油站加油，當天沒有用完的油量，仍然會儲存在油箱裡，明天早上再繼續使用，這也凸顯了錯誤的觀念一旦養成，很可能讓你花費很多無意義的時間、做無意義的事，最後也只是白忙一場。

　　此外，很多女生喜歡吃酸甜的食物，像是客家桔醬、

糖醋醬、檸檬、百香、香吉士等等，這些酸酸的食物都會增進食慾，每當腦中想到檸檬或酸味的小菜，口水就會油然而生、刺激食慾。我自己就有過切身經驗，有次陪孩子去吃飯，當時我早就吃飽了，結果因為吃了桌上的泡菜而胃口大開，後來不知不覺間吃了更多食物，特別提醒想減肥的族群，可千萬得忌口酸味的食物了！

32

喝酒如同喝下脂肪？破解減重飲酒禁忌

　　減重期間可以喝酒嗎？相信大部分的人都會搖搖頭說不可以，網路上不少文章宣稱酒精熱量密度相當高，更將酒精比喻為喝的脂肪，喝著喝著就會長出啤酒肚，事實上真的是這樣嗎？我們今天一起從營養學的角度，聊聊這個有趣的問題。

　　我在減肥門診中，遇過不少從事業務、夜生活工作的族群前來求診，第一句話劈頭就問：「醫師，減肥可以喝酒嗎？」這些人因為工作需要或個人興趣，多年來都有飲酒習慣，如果要在減肥和戒酒之間二選一，他們很可能直

接放棄減肥，因此我從不要求減肥患者戒酒，更該注重的是食物的挑選。

為什麼這麼說呢？綜觀各類食物，酒精的熱量密度並不算太高，我們一起來算算看。從營養學角度來看，所謂「熱量密度」就是單位重量食物中所含的卡路里，每 1 公克的脂肪約有 9 大卡熱量，1 公克的酒精約 7 大卡，蛋白質及澱粉均為 4 大卡。

相信大家對於鋁罐裝的台灣啤酒都不陌生，一瓶 330 毫升的台灣啤酒，酒精濃度約為 5%，代表它並不是純酒精，而是酒精的稀釋液，因此我們以 330 毫升乘以 7 大卡，再乘以 5% 酒精濃度，可以算出每罐台啤熱量約為 115 大卡，也可以此換算酒精濃度約 40% 的威士忌，或是酒精濃度約 58% 的高粱有多少熱量。

以一般人的酒量為例，常喝酒的人大約可喝 1000 毫升的台啤，也就是大約 3 罐左右，如果是大的啤酒杯，每杯大約 500 毫升、差不多可喝個 2 杯；至於烈酒，高粱約 100 毫升、威士忌大概 150 毫升左右，對正常酒量者來

說，酒是不可能喝太多的，總有一個極限在，畢竟喝多是
會醉倒的，故以此觀點來看，上述的飲用量算起來熱量都
不至於太高，影響不大。

相較之下，很多人愛吃的營養口糧，每一包 12 片就
有將近 400 大卡，以此計算，4 片營養口糧的熱量就相當
於一罐台啤的熱量；而很多外食族愛吃的泡麵，當零食吃
的王子麵一包就 250 大卡、一般小包的泡麵每一包約 400
大卡、大包含料的泡麵約 700 到 800 大卡，隨便吃一包就
已遠遠超出 3 罐啤酒的熱量。

這麼一算，你還認為酒對減重的影響很大嗎？其實喝
酒時搭配的配菜才是長出啤酒肚的元凶，尤其像炸的食物
更要少碰，否則單喝酒、不吃配菜，影響並沒有大家想像
的那麼嚴重。因此，我的診所的減重療程並不限制酒精，
減肥期間酒可以照喝，但我們可以透過控制食慾的方式介
入，同樣能夠達到減重療效。

不過呀，從健康的角度來看，飲酒還是淺嘗即止。如
果真要飲酒，建議先吃點東西墊墊胃，食物在胃裡不但可

以減緩酒精吸收的速度，為身體爭取到更多時間來代謝酒精及毒素，還能減輕酒精對胃部的刺激，降低嘔吐的機會。

　　我也建議大家稍微控制飲酒速度，以每小時喝一小杯的速度最為理想，因為人體代謝一杯酒的時間約為 1 小時，每喝完一杯酒就應喝一杯開水，有助於補充水分，並讓人體有更多時間代謝酒精、稀釋體內毒素與廢物，而席間多吃些富含高纖維的蔬菜，如白菜、白蘿蔔、芹菜等食物，也都有助於解酒！

33

168 斷食超夯，但聽說只會瘦肌肉、不瘦脂肪？

　　現代人所說的減肥，也就是古人所說的輕身、體態輕盈，過胖不但會影響美觀，更重要的是對健康造成危害，因此人人無不將肥胖視為大敵，千方百計想減肥。減肥方法百百種，也會與時俱進，今天我們就來談談近年最夯的減肥法「168 斷食」，網路上很多人說 168 斷食只會瘦到肌肉，不會瘦到脂肪，這是真的嗎？

　　所謂 168 斷食法其實就是節食的一種，也就是將一天 24 小時分割成兩部分，其中 16 小時禁食，並將食物集中在剩餘的 8 小時內吃完，透過空腹 16 小時清空腸胃，才

能進一步分解脂肪，達到減肥的效果。

聽到這裡，很多人可能都聽身旁朋友說過：「哎呀，你這個不吃東西的減重，會瘦掉肌肉，不是瘦掉脂肪。」但是這種說法其實是大錯特錯，為什麼呢？試想今天有一位瘦瘦的、標準身材的人，一旦變胖了，整個人體積都會變大，他增加的都是脂肪而已，不太可能是肌肉，所以假使這個人再瘦回去，瘦下的自然也是脂肪，這個是最基本的原理。

接下來，我們一起看看我們身體裡面的主要成分，首先是骨骼，第二是內臟，也就是心肝脾肺腎等五臟六腑，還有肌肉之外的神經、血管等軟組織，其次依序是水和脂肪，人體內的水分會隨身體變化，由神經系統與內分泌系統自動調節，很難透過外力控制，至於脂肪則主要攸關體重及外觀的胖與瘦。

很多人都看過肌肉猛男，但大家想過這滿身的肌肉究竟是怎麼來的嗎？答案是靠重訓機器鍛鍊的，而不是單靠吃的。假使一位病人因為生病臥床，長達 2、3 週都躺在

床上不動，即便三餐照吃，他的肌肉還是會萎縮，或許連下床都會有困難，因此不運動、沒運動才是造成肌肉萎縮的重要關鍵，與飲食沒有直接關係。

如今許多健身房都標榜，有一種吃了就會長肌肉的氨基酸，不曉得大家有沒有聽過，價格還不便宜呢！但實際上，用吃的根本沒辦法長出肌肉，只能帶來心理安慰而已，就好比牛羊馬只吃草、不吃肉，沒有吃氨基酸和蛋白質，肌肉也能相當壯實，因為肌肉唯有靠鍛鍊才能練成，練得愈多、肌肉就愈發達。

回歸到節食這件事，想減肥究竟該如何抵禦肚子餓這個大魔王呢？其實「餓」基本上是一種假性需求，即便是一個大胖子，體內熱量已經這麼足夠，還是會感到餓，原因就在於食慾這種感覺會在清醒的時候定時出現，從我們起床之後的第一個小時就會開始感到餓，接下來每4小時會有一次餓的「假需求」，這種感覺不會因為你身體是否真的需要熱量而改變。舉例來說：肥胖者身體的熱量早已過多，但是食慾仍好，吃的還是很多。而有些小朋友、

老人家雖然已經很瘦，營養不良，生病了，但食慾仍然不好，吃不下。

回想一下，大家應該有過「廢寢忘食」的經驗，忘記吃飯也不會餓；半夜起來只會喝水、上廁所，並不會餓；早上起床後，算一算距離前一次進食已經過了 10 小時，但也很少有餓的感覺，這時食慾就彷彿消失了似的？又是怎麼消失的呢？其實我們在睡眠期間，身體的脂肪組織會合成和分泌一種荷爾蒙，稱作「瘦素（Leptin）」，顧名思義，「瘦素」在促進人體脂肪燃燒分解方面起著關鍵的作用，而且能抑制食慾，讓我們的身體不易產生飢餓感，所以睡覺時不會覺得餓，就是這個原因。而早上起床後，體內瘦素還會維持短時間的高濃度，會讓人早上食慾不太好、吃不下東西，所以大部份早餐，都是選擇輕食，如三明治或粥、麵、豆漿、奶茶之類。

對於想減重的人，我也偷偷傳授一個「三不政策」，也就是不依照三餐時間進食，「不餓不吃、餓了才吃」，盡量不參加應酬，否則人家找你去吃飯，去了不吃也會覺

得不好意思。

　　身體固定時間就告訴你會餓，雖然身體熱量已經足夠，大多數的人都認為這是正常的生理訊號，於是餓了就吃，這樣是大錯特錯！食慾既然是一種「感覺」，要學習如何辨認與控制這種感覺，你就能夠控制體重。至於如何分辨身體是真餓還是假餓呢？如果身體真的餓了，會伴隨特殊感覺，例如肚子咕嚕咕嚕叫、手抖、心悸、頭暈等最常發生，同時因為胃酸過多而出現胃痛、噁心症狀，這時候如果症狀不嚴重，可以稍微吃一些低熱量密度、易有飽足感的食物，像是豆漿、米漿、牛奶、愛玉、蒟蒻，稍微補充熱量，記得這幾個小撇步，就能有助於大大減少每日的熱量攝取喔！

34

變瘦只是脂肪細胞縮小？生理學理論打破迷思

　　近幾年網路上瘋傳一種說法，宣稱每個人的脂肪細胞數量在青少年時期就已經「定型」，一輩子都不會改變，長大成人後如果瘦了，也只是脂肪細胞體積縮小；如果胖了，則是脂肪細胞體積增大，令不少人信以為真，強烈打擊減肥者信心，但其實這是個錯誤的迷思。

　　高中時期的生理學曾經教過這麼一個觀念，每個人體內的紅血球細胞平均可以存活 120 天，此後就會隨著新陳代謝被吸收和代謝掉，之後骨髓裡就會生成出新的紅血球。不只紅血球，各種細胞在體內都有各自的「保存期

限」，這當中壽命最長的是骨骼細胞，大約要 10 年才會代謝掉。

說個題外話，很多人都聽過骨質疏鬆，但很少人知道骨質疏鬆症是怎麼形成的吧？我們體內有一種細胞叫作造骨細胞，負責製造骨細胞和骨骼生成，另一種細胞叫作破骨細胞，負責分解代謝陳舊或受損的骨組織。當一個人的破骨細胞比造骨細胞來得活躍時，就會出現骨質疏鬆的問題。

除了骨骼細胞會代謝，我們身體的器官如心臟等組織都會不斷代謝，因此我們的頭髮會掉髮，也會再次長出新的頭髮，這些都是人體自然的代謝機制，原因就在於細胞裡的遺傳基因「端粒（Telomere）」無法再生，端粒是存在於細胞染色體末端的一小段 DNA，它與端粒結合蛋白一起，可以保持染色體的完整性和控制細胞分裂週期。只會不斷消耗、愈來愈短，最後衰退吸收掉。 端粒的長度反應了細胞複製的能力，細胞每分裂一次，端粒就會縮短一些，而其只會不斷消耗、愈來愈短，一旦端粒消耗殆

盡，細胞就會進入衰老狀態。

　　既然全身上下各種細胞都會被吸收代謝掉，脂肪細胞當然也不例外。脂肪細胞平時負責儲存身體的能量，無論是胖是瘦，它都會不斷地隨著人體代謝代代更迭，自然沒有數量不變一說。

　　不過，我們體內共存有 2 種脂肪，一種是白色脂肪，另一種是褐色脂肪。「褐色脂肪」分布在肩胛骨、頸後、心臟及腎臟周圍，褐色脂肪會使血液的脂肪轉化為熱量釋放而出，一般在低等生物含量較多，高等生物較少，也會隨著年紀增加而逐漸減少。

　　至於「白色脂肪」則主要分布於體內各處，負責儲存多餘的能量，如果攝取的熱量大於消耗的熱量，就會造成脂肪囤積。一旦白色脂肪細胞逐漸增大，身體也會因此變得肥胖，隨年齡增長，體內白色脂肪數量也會愈來愈多，一併提供參考喔！

35

瘦身成功但體脂率不變,該不會瘦到肌肉吧?

　　瘦身成功是令人喜悅的事,但我在減重門診中常常遇到病人詢問,他明明瘦了 10 幾、20 公斤,為何體脂率還是沒什麼改變,難道瘦掉的全是肌肉嗎?正如我在前面篇幅中提到,減肥的中心思想就是透過控制並減少我們體內的脂肪,才能真正的變瘦,因此「脂肪總重」的確是判斷減重成效的一大重要指標。

　　脂肪總重代表身體脂肪的總重量,我們可以利用體脂率乘以體重算出,其公式為:體重 (公斤) × 體脂率 (%) = 脂肪重量 (公斤)。比方說,一個 60 公斤標準身材的

的成人、體脂率通常是 20%，代表體重當中有 20% 是脂肪，因此以 60 公斤乘以 20% 體脂率，便可算出體內脂肪重量約為 12 公斤。

按照這個邏輯來看，一位病人從 80 公斤瘦到 65 公斤，體脂率理論上也會跟著掉，但我在臨床上看到很多病人因為體脂率沒掉，而感到焦慮。為了搞清楚為什麼會出現這種狀況，多年前我曾請 3 位護理師帶著體脂計到健身房運動、泡澡，意外發現她們運動前後體脂率掉了 1.5%，泡完熱水澡又掉了 1.5%。

3 個人的體脂率在短短 1 小時之內同時掉了 3%，這代表體重 50 公斤的她們，在 1 小時之內竟然就少了 1.5 公斤體重，你相信這是真的嗎？當然不相信啊！後來我深入研究體脂計的運作原理才驚訝地發現，體脂率並不是一個足夠客觀的數據。

原來，體脂計主要是利用微量電流，從腳底通過身體，量測體內脂肪、肌肉、水分等組織電阻量，進而計算在體內占比，推算出可能的體脂率。當我們體內的脂肪含

量比較多，它的導電率就會比較差，得出體脂率較高的結果；反之，如果體內水分較多、導電效率較好，也就代表體脂較低。

但有趣的是，很多因素都可能影響身體的導電率，當我們泡澡、體溫比較高的時候，身體就變得比較導電，這時候再量體脂率就會隨之降低；相反地，當天氣變冷、人體比較沒有流汗的時候，身體導電的狀況就會比較差一些，這時再測體脂率就會提高一些。

你發現了嗎？體脂計算出來的體脂率，顯然是減肥的一大盲點。很多不肖瘦身業者正是利用這種把戲矇騙消費者，體驗價收個一堂 900 元，先幫你量體脂率，接著洗澡、按摩、用各種減肥器械，最後再洗一次澡，療程結束後再量體脂率，透過降低的數值宣稱減肥成效顯著，其實全都是假象，讓你在不知不覺間相信並買單，進而買下整期的課程。

發現這個生理的迷思以後，我發現體脂計的測量結果根本不準，因此我們診所從此再也不用體脂計，因為測出

來的數值完全沒有意義，最後再提醒一次，體脂計測出來
的體脂率會隨著空氣中的濕度、腳底的濕度而有所變化，
若是將如此失真的體脂數值作為減重依據，看到自己努力
這麼久，體脂卻沒有降，豈不是平白無故打擊自己的自信
心嗎？

36

生酮飲食真能減肥嗎？與地中海飲食是否類似？搞懂「這觀念」才能有效瘦身

　　生酮飲食堪稱最近幾年討論度最高的減肥法之一，不少網紅、名人利用這種飲食方式成功瘦身，但也有不少醫師站出來提醒這種飲食方式可能衍生的種種風險，究竟「生酮飲食」是什麼？只要按表操課就能甩肉成功嗎？

　　從字面上的意思來看，生酮飲食就是一種會產生「酮體」的飲食方式，透過高脂肪、充足蛋白質以及極低碳水化合物的飲食組合，讓肝臟將脂肪轉化為脂肪酸及酮體，

過去在醫界其實是治療兒童癲癇的療法之一，因為這些產出的酮體能夠進入大腦，作為替代的熱量來源，取代由碳水化合物轉化而成的葡萄糖，藉此降低癲癇發作的頻率。

不過，對於罹患腎臟病的患者而言，過多的酮體容易加重腎臟的負擔，長期下來可能增加脫水、低血糖及腎結石的風險；而糖尿病患因為本身就容易產生酮酸，錯誤的飲食方式很可能導致酮酸中毒。

談了這麼多生酮飲食的介紹與風險，究竟生酮飲食對於減肥有沒有幫助呢？答案是否定的，因為產生酮體能夠消耗脂肪完全是不正確的觀念，而「熱量輸入」才是攸關胖瘦的關鍵所在。當熱量輸入越多、胖得就越多，當熱量輸入得少，就會消耗掉身體原本庫存的熱量，自然就會變瘦。

我們生活當中經常攝取的營養素，不外乎就是碳水化合物、脂肪和蛋白質，所有食物吃下肚以後都會轉換成能量，每公克的脂肪會轉換成 9 大卡熱量、每公克酒精 7 大卡、每公克蛋白質和澱粉則是 4 大卡，相較於碳水化合

物，脂肪的熱量密度反而更高。換句話說，當兩人吃下同樣重量的碳水化合物和脂肪，脂肪所產生的熱量幾乎是碳水化合物的 2 倍以上。

很多人可能會好奇，以這個邏輯來看，吃巧克力、蛋糕減肥也可以囉？沒錯，即便是吃高熱量密度的食物，只要吃的份量夠少，同樣能夠維持身體的新陳代謝，滿足身體需要的基礎代謝率，倘若只吃油脂、蛋白質就能瘦，那麼相同飲食方式的老虎和獅子豈不是老早就瘦成皮包骨了？

因此，只要管控好「每天攝取的總熱量」，就能在減肥這條漫漫長路上走得可長可久，除了切記我一再叮嚀大家的「不餓不吃、餓了才吃」，讀者不妨也學著辨識自己是「真餓」還是「假餓」，在生理上及心理上能夠了解身體對食物的需求、飢餓感，能有效的情緒管理特別重要。

每個人在休假的時候，一早起來在沒有活動的情況下，約莫起床 1 小時後會開始餓，接下來平均每 4 小時會餓一次，當身體真的餓了，會出現手抖、心悸、頭暈、胃

痛等症狀，這時就代表該吃點正餐了；不過，如果症狀很輕微，則不妨吃一些低熱量密度的食物，像是無糖豆漿、米漿、優酪乳、愛玉、蒟蒻等食物，稍稍緩解餓的感覺即可，另外也建議每天定時量體重兩次並留下紀錄，這都能幫助大家更瞭解自己的體重變化，藉此調整飲食攝取。所以飢餓感的控制，才是減肥最重要的手段。

37

標準身材這樣算！黃金 BMI 數值男女有別、高矮個藏玄機

　　完美的體態不但能讓整個人神清氣爽、更健康，在職場上也更容易擁有好人緣，因此追求纖瘦的身材是許多女性不斷努力的目標。然而，身材太胖固然不好，過瘦當然也不是件好事，因此認識「標準身材」對每個人而言都相當重要。

　　在醫學上，我們經常利用「身體質量指數」（BMI）來判斷一個人的身材是否標準，其公式為 BMI ＝ 體重（公斤）／身高^2（公尺^2）。根據衛生福利部國民健康署的標準，成年人的 BMI 值只要介於 18.5 至 24 之間都屬於

正常範圍，但我們診所在替病人進行減重治療時，由於是以「美容標準」的減重為目的，因此我自有一套「美容 BMI」，又稱為「黃金 BMI」。

以平均身高的男女為例，男性的黃金 BMI 約為 23，女性則為 18，生過孩子、年逾 35 歲女性的標準則落在 20 左右，這就是所謂黃金 BMI，我也將其稱為「BMI 指數」或「身材指數」。

一個人的胖與瘦，也會因身高差異而造成視覺上的差異，因此面對身高較高的人，BMI 標準也會略微寬鬆，例如 170 公分的女性，黃金 BMI 也能放寬一些至 19、20，比例上比較漂亮；而身材比較矮小的女性則要再嚴格一點，BMI 大約要到 16 才會看起來較為勻稱，國際巨星蔡依林因為身高較嬌小，便將 BMI 控制在 15 至 16 之間，才能讓螢幕前的身材比例顯得更加完美。因為 BMI 是以身高（公尺）的平方來計算，故對於身高較高者及身材比較矮小者，在標準上才會有這樣的調整。

BMI 固然能夠作為身材標不標準的參考指標，但大家

也要知道，BMI 只能根據身高、體重反映出整體體態的大致情形，卻沒辦法區分體重裡有多少脂肪、多少肌肉，這也是這項數值最大的侷限所在，試想同為 90 公斤的運動員和 90 公斤的宅男，兩人肌肉與脂肪的比例肯定是天差地別，體態自然也不一樣囉！

　　比較特別的是，男女因生理構造不同，身體容易堆積脂肪的部位也大不相同，男性大多會堆積在上半部和腹部，也就是啤酒肚；女性則大多堆積在手臂、下腹、臀部或大腿內側。

　　說到這裡，很多人可能會想，既然如此不如用體脂率來判斷身材豈不是更好？沒錯，但問題就在於體脂率根本沒辦法單靠儀器就精準測量，因為體脂率會隨著喝水量、流汗多寡、體溫高低、量測前是否有運動等外在因素而波動，僅僅只能判斷當下身體的「電阻值」，進而推測出身體體脂率，因為脂肪幾乎不導電，若人體內脂肪組織比例高，體內電阻就會比較高，量測出來的體脂率就會比較高；反之，當剛泡完澡體內水分較多的時候，身體導電

性變佳，相對的身體的「電阻值」降低，測出來的體脂率就會比較低，較難作為客觀的判斷依據，因此體脂率高低僅能作為參考。我在前面的章節曾經提及，我曾自帶體脂計，並找三位體重均為 50 公斤的護理師於運動中心做實驗，分別在運動前（平均體脂率為 23％）、運動後（平均體脂率為 21.5％）、及洗完熱水澡後（平均體脂率為 20％）立即量測體脂率，每次測量體脂率平均降低 1.5％，短短 1 小時的運動下來，體脂率竟整整降低了 3％；一位 50 公斤的女性體脂率降低 3％，等於少了 1.5 公斤的脂肪。試想，運動 1 小時即減去 1.5 公斤脂肪，根本是天方夜譚，由此也可佐證我上述「體脂率難為客觀判斷依據，其高低僅作參考」一說。

第  章

日常睡眠與皮膚保養

當心保養品
成青春痘元凶

Medical **K**nowledge

38

臉部保養一定要擦乳液嗎？先看你是哪一類肌膚

俗話說「一樣米養百樣人」，一語道出每個人之間存在巨大差異的道理。由此可見，同樣一種保養品或保養方式，在每個人身上也可能出現完全不同的後果，即使廣告講得再天花亂墜，卻也不是人人都能擦出相同的神奇效果，有人甚至可能在使用過後，出現過敏、不舒服的症狀，這正是和每個人膚質不同有著極為密切的關係。

人們臉部的皮膚分為乾性、油性以及中性，根據我在門診當中的經驗，油性肌膚是最容易出現皮膚保養問題的族群，原因就出在你我相當熟悉的「拍化妝水」、「擦乳

液」、「抹防曬霜」這個觀念。

　　在談擦乳液之前，我們先來認識一下皮膚的結構。皮膚由外而內分為 3 層，最外面的是表皮層，接著是中間的真皮層，最裡面的那層則是皮下組織。我們的皮膚很薄，試著捏起手背上的皮膚，這捏起的部位約莫 0.4 公分，所以實際上一層皮膚只有 0.2 公分而已，在這薄薄的 0.2 公分之中，真皮層是當中最厚的一層，裡面有毛囊，毛囊組織裡分布著負責分泌油脂的皮脂線，油脂分泌較多的人就屬於油性肌膚，油脂分泌較少的則稱為乾性肌膚，另外一種中性肌膚則介於油性皮膚及乾性皮膚之間，是只有臉部 T 字部位特別容易出油，故絕大多數人都屬於中性肌膚，是比較幸運的一群。在很多網路可見的通俗文章中，都將皮膚分作下面三類：油性皮膚、乾性皮膚及混合性皮膚，我認為「混合性皮膚」是容易讓人產生誤解的說法，應修正為中性皮膚。

　　有趣的是，油性肌膚大部分都集中在年輕族群身上，隨年紀就會漸漸轉變為乾性肌膚。臉部保養的問題看似千

奇百怪，但概念其實非常簡單，油性肌膚的保養重點就是
「清潔、清潔、再清潔」，很多人常常誤信網路傳聞，認
為皮膚會愈洗愈薄，這可是大錯特錯，皮膚基底細胞層會
不斷生成出新的皮膚細胞，並將舊的皮膚往上推，因此角
質層太厚可以透過去角質洗淨皮膚來加速代謝。

　　至於乾性肌膚者則可以抹些保養品來保濕，尤其到了
冬季，皮膚容易因為乾燥而出現乾癢、脫皮、紅疹等症
狀，在中醫裡被視為「風寒」、「血虛」所引起，我們的
身體為防止體熱過度發散，使得血液循環減緩，表皮血液
循環不好就會使皮脂線退化、減少油脂分泌，自然就沒
有足夠的油脂可滋潤肌膚。

　　「維持皮膚滋潤」是乾性肌膚者的保養重點，透過
減少角質層的水分及皮脂膜（覆蓋在皮膚表面，主要是皮
脂和汗液的混合物，有屏障肌膚的功能）散失來維持肌
膚，建議洗澡時避免使用肥皂、不用過熱的水洗澡，以免
水分及皮脂因熱而過度流失；當皮膚過度乾燥時，也可以
敷用一些油性化妝品或乳液來改善，像是綿羊油、甘油這

些油脂都能在皮膚上形成一層薄膜，防止水分蒸發。

　　無論是乾性還是油性肌膚，我相信只要搞清楚自己屬於哪一種膚質，不管年紀如何增長，都能很快找到適合自己的保養方式。

39

NG 習慣你中幾項？當心保養品成青春痘元凶

　　愛美是人的天性，追求臉部肌膚清新潔淨更是所有人的目標，一旦冒出又紅又腫的痘痘，就如同牆上的一抹蚊子血，壞了整幅風景。然而，痘痘族不知道的是，長痘痘千錯萬錯，很可能是自己的錯，很多人因為聽信錯誤的皮膚保養謠言，將昂貴的保養品奉為圭臬，傷了荷包又傷皮膚。

　　這些年以來，我曾聽過的錯誤保養傳聞數不勝數，不知誤導了多少青春的少男少女走上長痘痘的歧途，譬如擦了防曬隔離霜就能阻擋髒空氣避免冒痘？少洗臉以免臉會

愈洗愈油？皮膚外油內乾需要靠保濕油水平衡？今天我們就來一次破除錯誤謠言，重拾正確的保養之道。

很多病人問我，以前明明沒長過青春痘，為何這陣子突然狂長猛長？其實呢，青春痘是由於性荷爾蒙紊亂，導致體質燥熱所引起，經常會出現口乾舌燥、便祕、痔瘡、流鼻血、多眼屎、失眠等症狀，而女性常見的生理期、青春期或更年期也都是擾亂體內荷爾蒙的原因之一。

在日常生活方面，愛吃油炸、辛辣或肉類以及晚上失眠或熬夜導致睡眠不足都是可能危險因子，再加上毛囊內皮脂線分泌旺盛或亢進，過多的皮脂與皮膚角質就容易阻塞毛孔，導致發炎冒痘，代表日常臉部皮膚的清潔工作不足。

我建議油性肌膚者每天應洗臉多次，或用去油性濕紙巾去除臉上皮脂，每隔 2 到 3 天使用去油性洗面皂洗臉，每 1 到 2 週使用臉部去角質膏做好臉部清潔，剛洗完臉皮膚略為緊繃是正常現象，一段時間後皮膚就會自動再分泌皮脂保護肌膚，平時也應避免曝曬太陽，以免皮膚發炎。

　　東方人總有「一白遮三醜」的觀念，外出前總習慣在臉上塗抹隔離霜或防曬乳，一方面避免曬傷，另一方面也希望阻隔髒空氣，避免空氣中的汙染物附著在臉上而冒痘。但很多人忽略的是，青春痘族群臉部的皮膚原本就已經夠容易出油了，再抹上隔離霜只會讓分泌的皮脂繼續堆積在毛孔內，無法正常排出。這樣一來，怎麼可能不發炎冒痘？

　　另外，痘痘族之間多年來也流傳一種似是而非的傳聞，認為「臉會愈洗愈油」，這也是非常普遍的錯誤迷思。臉部皮膚分泌皮脂的目的，是為了替最外層的角質層提供潑水及防水等阻隔、保護的作用，只要皮脂分泌太少皮膚就會乾燥，皮脂太多皮膚就會油膩，除非遇到化學性強力洗淨造成皮膚損傷，皮膚才可能增加皮脂分泌來保護臉部。由此可知，分泌皮脂只是臉部一種常態與防護作用，和洗淨程度並無關係，唯有好好洗臉、維持毛孔暢通，才是避免長痘痘的最高指導原則。

　　至於保濕真的能改善臉部油水平衡嗎？相信痘痘族對

於「油水平衡」這句話並不陌生，我經常碰到全臉爛痘或臉皮嚴重出油的人，大談如何保濕。這些人總是宣稱皮膚有 2 層「外油、內乾」，認為即便「皮膚油滋滋還是得做好保濕，若不保溼則油水不平衡」，聽到這裡不禁讓我內心大大嘆了一口氣，這完全是錯上加錯。

　　臉為什麼要保濕？保濕是每個人都需要的嗎？皮膚表皮的最外層為角質層，由皮膚新陳代謝及枯掉的表皮細胞壁堆疊而成；而即便是健康的皮膚，角質層也會少量蒸發或吸收水分。很多注意妝扮的女生，為了讓皮膚更平整細緻，也讓化妝品更好吸收，會採用去角質的手段，磨掉最外層枯掉的細胞壁，但這舉動同時也會造成表皮水分蒸發過快的副作用，致使皮膚易乾燥脫皮，此時就是保濕的最好時機，適當地使用保濕化妝品剛好可以發揮效用。古時的人們使用油脂類保養皮膚；近代 100 年開始，則使用由油與水乳化的霜類化妝品；而現今由於生物科技進步，則多使用水溶性的玻尿酸成分來保濕較為舒適。

　　回歸皮膚的構造，皮膚油到長痘痘的人，根本不會有

皮膚乾燥的問題，不明就理地盲目跟風或聽信銷售人員鼓吹，而使用自己不適合的保濕化妝品，恐怕只會讓皮膚毛孔阻塞更嚴重，同時影響水分正常散發，讓青春痘更加惡化！

40

怎麼睡最好睡？放輕鬆找到自己的完美睡姿

　　每個人一生當中，大約有 1/3 的時間處於睡眠狀態，可見睡眠對於你我的健康扮演著多麼重要的角色，俗話說「休息是為了要走更長遠的路」，這句話可不是隨便說說，有良好的睡眠品質，才能幫助我們走得更遠、更長久。你是否也曾經好奇，既然睡眠這麼重要，究竟要「怎麼睡」才是最能放鬆的完美睡姿？良好的睡眠又涵蓋了哪些必備要件呢？

　　不曉得大家有沒有發現，我們在日常生活中，無論站立、行走，甚至是坐在椅子上的時候，我們的腰背肌肉群

隨時隨地都在努力工作著，驅動大小腰肌撐拉著脊椎，唯有到了躺下睡覺的時候，腰背部的肌肉才終於有了休息的機會。

　　我們先來談談良好睡眠的 2 大必要條件，也就是環境與寢具。入睡時除了要有足夠黑暗且安靜的睡眠環境之外，也需要良好的寢具來配合，才能讓肌肉好好放鬆，達到最好的休息效果，為明天儲蓄飽滿的精力。

　　每個人在睡覺的時候都有自己習慣的入睡姿勢，回想一下，當我們躺在床上準備入睡時，你是仰睡、左側睡、右側睡，還是要趴著睡才能睡得著？這是習慣問題，就像不少夫妻新婚時期都面對面睡覺，但到了老夫老妻以後就習慣背對背睡覺了。

　　到底怎麼樣的睡姿才好呢？這是一個有趣的問題。有一說是睡覺時，要避免壓迫到心臟，這說法基本上是正確的，但實際上睡著後還是會翻身，很多有小朋友睡覺的時候就像顆陀螺一樣，整晚翻來覆去。

　　翻身，其實是人體自然的保護機制。我們在入睡之

後，一旦太長時間維持在同一個睡姿，身體某些肌肉群就會因受壓或伸展過久，自然而然改變姿勢，透過這種反射動作讓肌肉獲得舒緩，每個人每晚翻身、改變姿勢的次數可能多達數十次以上；相較之下，重症病人由於生理機能受損，可能喪失自行翻身的功能，必須由親屬定時替他們翻身，避免肌肉受壓迫太久導致壓瘡等問題出現。

很多人一覺醒來後出現肩頸痠痛，連轉動脖子都覺得「卡卡的」，俗稱「落枕」。但實際上呢，落枕並不是睡覺時頭部從枕頭上跌落，更多的是因為工作過度疲勞，也可能是喝醉酒陷入深深沉睡、忘了翻身，使得背部斜方肌或是位於頸部兩側的胸索乳突肌整晚缺乏活動、過度伸展，導致肌肉發炎、疼痛，我們會在下一篇文章中詳細介紹；另外，像是有些孩童的尿床問題也和深度睡眠大有關聯。

假使怎麼睡都還是睡不好，這裡也提供大家幾個更好入睡的小撇步。首先，最好等到很想睡再上床，以免休息過後非但沒睡著，反而精神更好，要是躺著超過 20 分鐘都

睡不著，不妨先換一間房間待著，建立一上床立刻入睡的好習慣。

　　對於不容易入睡的民眾，我會建議睡前 10 小時最好避開咖啡、茶類、提神飲料等含有咖啡因的飲品，睡前 3 小時不吸菸、不飲酒，尤其吸菸會刺激興奮大腦皮質層，更容易導致失眠；愛吃宵夜的人，最好吃個 8 分飽即可，以免吃得太飽影響睡眠。

41

落枕和神經壓迫怎分辨？一顆好枕頭幫大忙

前陣子一名 16 歲女同學來我的門診求診，原來，她那天睡醒後突然感到脖子痠痛，中午過後僵硬的感覺愈來愈嚴重，整個人如同機器人一般，連頭都沒辦法正常轉動，經過一番檢查，我發現她左肩膀的斜方肌僵硬，也就是所謂的「落枕」，而且疼痛感已經擴散至肩胛部，手臂舉高時也會感到疼痛。

「落枕」是斜方肌發炎的代名詞，就好比我們常以「五十肩」形容肩關節周圍炎，或以「網球肘」代指肱骨外上髁炎一樣。而落枕這兩個字，單從字義上來看，很容

易讓人聯想到和睡姿不良、枕頭高低有關，也有一說是習慣側睡的人，特別容易出現落枕痛的情形。

　　從中醫角度來看，我認為落枕是一種因為睡得太沉，導致身體太久沒有調整睡姿，進而引起的頸部肌肉痙攣與發炎。這箇中原理是這樣的，我們在前一篇有提到，睡覺時翻身的動作是人體自我的反射機制，避免特定的肌肉群過長時間受到壓迫或伸展，因此當人體過於熟睡、沒有出現翻身動作時，頸部肌肉就可能因為伸展時間過久，導致肌肉痙攣，而出現僵直性的發炎疼痛，工作太累、酒醉、睡姿不良都是可能原因。

　　另外，頸部忽然擺動、甩頭或身體衝撞等，也可能導致肌腱拉傷或扭傷，使得頸部側面的上斜方肌拉傷，出現落枕情形。

　　落枕最主要症狀是頸部斜一邊且出現僵硬疼痛、脖子無法靈活運動的情形，很多病人甚至痛到連前俯、後仰都感到困難，或是在轉頭側身時也因脖子劇烈疼痛，不得不讓整個身體都跟著轉動，所以動作上看起來也相當不自

然。落枕大多時候只會出現在其中一邊，有時也會兩側同時發生，嚴重的痠痛僵硬可能讓人痛得頭昏目眩。

落枕痛是一種偶發性的肌腱炎，與頸椎神經壓迫症有些相似。只不過，落枕造成的疼痛只限頸椎肩背處，轉身活動時彷彿被什麼東西牽制住；相比之下，頸椎神經壓迫則經常合併出現手臂痠痛、手指麻木的症狀，因為我們 7 對頸神經當中，第 4、5、6、7 對頸神經都會經過肩部，再延伸至手臂和手指，一旦壓迫到很可能同時出現症狀，另像是頸椎骨刺、椎間盤突出、頸椎滑脫等的頸椎病症，也很容易造成肩、頸部疼痛，症狀與落枕痛相當類似。

面對急性落枕，老一輩的方式經常是刮痧或拔罐治療，這些其實都是錯誤的方法，很可能導致病情更加嚴重，務必特別小心！

一般來說，落枕帶來的疼痛也有快慢之分，對於緩慢發生的落枕疼痛，我們可以熱水澡泡泡上背部，或是用熱敷的方式來緩解肌肉僵硬，並在局部輕柔地按摩，最後貼上藥布緩解；但是，假使疼痛來得又急又猛，則須以冰敷

處理，因為這代表肌腱已出現急性發炎現象，必須儘快消腫、消炎，這時可塗抹消腫藥膏。

　　想避免落枕上身，可以從日常生活中的小習慣做起。首先是早睡早起，別讓自己過度操勞、不要酗酒，也要避免坐著睡著或在行進間的車上睡覺，頸部也應避免吹風，增加痙攣發炎風險。此外，我們平時可以適度做一些頸部柔軟操，飲食方面補充一些鈣質等，都可以降低落枕風險。

　　除此之外，選擇適當高度、軟硬適中的枕頭自然相當重要，比起時下流行的記憶枕、乳膠枕，我個人認為，只要躺下去 5 到 7 分鐘內都覺得舒服的枕頭，就是適合你的好枕頭，一顆價格高昂的枕頭不一定等於好枕頭。

　　我建議在枕頭挑選上，可以選擇絲棉材質、支撐力足夠的枕頭，由於我們在睡覺時會流口水、流汗，枕頭最好過一陣子就拿到戶外曬曬太陽、打一打，定期更換，避免悶熱發霉影響健康。

睡硬床板能改善腰椎疼痛？床墊挑選藏竅門

　　我在執業的生涯當中，每遇到 10 位腰椎疼痛者的病人，至少有 8 人曾經聽信親友建議，透過睡在硬邦邦的床板上來改善腰椎疼痛，結果睡不到 2 天，腰椎痛得更厲害；除此之外，還有一說是脊椎不好的人，要睡硬床墊才能避免惡化，這些都是不正確的觀念，今天我們就來談談如何挑選適合的床墊。

　　首先，我們來講個概念！相信大家多多少少都看過魔術表演，人體懸浮幾乎是每一場表演的必備橋段，多數時候都會派出一位漂亮的女助理躺在固定的桿子上，接著再

把桿子移開，女助理就會神奇地呈現懸空狀態。現在我們再想像一下，如果女助理的身下只有兩隻手撐住，她躺起來想必不會太舒服，但如果有 100 隻、1000 隻手撐住，這樣的舒適程度是否會大大提升呢？

假如我們能延伸出無數隻手，均勻地支撐著我們身體，理當會是最理想的支撐，這無數個支撐點要是能提供相同的支撐力，同時能夠隨時適應我們身體曲線的變化。這，就是最理想的床了。

在各種媒介當中，最能符合這個標準的就是「水」了。根據芝加哥大學醫學中心實驗證明，水床的最大作用是能夠依照人體自然的曲線凹凸起伏，均勻地提供身體支撐，如同無數隻手讓整個身體浮起來，平衡身體的骨骼並減少肌肉的壓力，為身體提供更好的血液循環。

水床應該是最舒服的床了，不但可以藉由溫度的傳遞，配合加熱設備來保持床的恆溫，也能夠輕易改變床的軟硬度，所以對老人或是久病臥床的人是不錯的選擇，長期臥床者若使用水床，也能減少褥瘡發生的機會。

　　只不過水床也有它的缺點，每當自己或枕邊人翻身時，整個水床都會出現波動，可能影響睡眠，挑選時務必特別選擇具有減少水波動的設計；另外，由於水床的床墊只能使用防水塑膠材質，當身體躺臥在不透氣的水床表面，接觸時水蒸氣會因無法散發而出現不透氣的悶熱現象，使用時一定要在表面加上適當的襯墊，確保皮膚接觸面透氣。

　　與水床同樣具有良好支撐力的床，就屬氣墊床了。氣墊床的特性和水床相同，設計較良好的氣墊床能夠透過床墊上的氣孔釋放空氣，以增加床褥的通風效果，同時利用空氣幫浦隨時補充空氣壓力；不用的時候也能洩氣、收起來保存，一點也不占空間，缺點則是睡起來感覺比較不沉穩，床的質感較差。

　　除了水床與氣墊床，彈簧床是多數人睡過的床墊。傳統彈簧床將許多彈簧彼此相連，上鋪再鋪上天然與人造纖維，確保睡起來透氣、不悶熱，當我們躺臥在彈簧床的時候，彈簧會支撐我們身體的每個部位，並根據不同部位

的重量自動壓縮、調整彈簧高度，但正因彈簧之間彼此相連，就如同三國誌故事裡的連環船，當一個彈簧受壓時，也會連帶牽動隔壁相連彈簧跟著下陷，有些彈簧因為下陷而無法真正提供支撐，使得身體的支撐點變少。

為了改善這個問題，便有了獨立筒床墊的問世！藉由一個個獨立的透氣纖維袋子，裡頭裝著大小一致、排列整齊的彈簧，每個彈簧之間不會相互連結，每一隻彈簧都是獨立的支撐點，因此即便兩人共睡一張床，無論哪一人翻身，隔壁的彈簧並不會隨之連動，不但能夠提供較為足夠的支撐點，放心翻身也不會影響到枕邊人的睡眠。

至於腰椎疼痛是否該捨棄彈簧床，改睡硬床板？答案自然是否定的，因為木板床的支撐點更少，原本腰痛就代表肌肉受損或過勞，再睡硬木板只會讓肌肉更加疲勞不堪。

另外，我們以躺臥姿態休息時，由於背部肌群不必對抗地心引力，會全然地放鬆，這時如果睡在過硬的床墊上，主要支撐點會落在肩、臀、骼、踝等位置，進而造成

脊椎彎曲。因此，挑選一張好床墊的重點並不在於夠不夠
硬，更重要的是能否隨身體曲線變化，才能調整脊椎位置
於同一水平直線，讓肌肉獲得完整放鬆。

你一輩子信以為真的醫學誤解：
權威中醫師破除常見陳年健康迷思

作　　者－陳潮宗
主　　編－林菁菁
企　　劃－謝儀方
封面設計－楊珮琪、林采薇
內頁設計－李宜芝

總 編 輯－梁芳春
董 事 長－趙政岷
出 版 者－時報文化出版企業股份有限公司
　　　　　108019 台北市和平西路三段 240 號 3 樓
　　　　　發行專線－ (02)2306-6842
　　　　　讀者服務專線－ 0800-231-705・(02)2304-7103
　　　　　讀者服務傳真－ (02)2304-6858
　　　　　郵撥－ 19344724 時報文化出版公司
　　　　　信箱－ 10899 臺北華江橋郵局第 99 信箱
時報悅讀網－ http://www.readingtimes.com.tw
法律顧問－理律法律事務所 陳長文律師、李念祖律師
印　　刷－勁達印刷有限公司
初版一刷－ 2023 年 8 月 25 日
初版二刷－ 2023 年 10 月 27 日
定　　價－新臺幣 350 元
（缺頁或破損的書，請寄回更換）

時報文化出版公司成立於一九七五年，
並於一九九九年股票上櫃公開發行，於二〇〇八年脫離中時集團非屬旺中，
以「尊重智慧與創意的文化事業」為信念。

你一輩子信以為真的醫學誤解：權威中醫師破除常見陳年
健康迷思 / 陳潮宗著 . -- 初版 . -- 臺北市：時報文化出版
企業股份有限公司 , 2023.08
　　　面；　公分

ISBN 978-626-374-135-5(平裝)

1.CST: 家庭醫學 2.CST: 保健常識

429　　　　　　　　　　　　　　　　　112011461

ISBN 978-626-374-135-5
Printed in Taiwan